He decidido quedarme entre familiares, amigos, conocidos y toda persona de buenos sentimientos... en estas sencillas líneas de afectos, reflexiones y aprecio a la humanidad.

Impresión y editorial: BoD – Books on Demand
info@bod.com.es - www. bod.com.es
Impreso en Alemania – Printed in Germany
ISBN: 9788413731896

www.fsc.org
MIXTO
Papel procedente de fuentes responsables
Paper from responsible sources
FSC® C105338

MESTIZO, CARA O CRUZ

MESTIZO, ¿CARA O CRUZ?

El Dios al que adoramos,
aunque se vista de paisano,
laureado con palmas, o crucificado…
sigue siendo ajeno, extranjero.

Lo trajo el conquistador,
imponiéndolo con las armas,
destruyendo lo existente…
con desprecio a lo nativo.

No había antes, la noción de Dios,
ni de su condición suprema e intangible.
Solo existían divinidades sin culpa,
a quienes se les hacía fiesta.

Pero tras de cruentas batallas,
luego de pugnas subterráneas,
tras de la paz de los sepulcros…
se mezclaron todas las sangres.

Produciendo incontenibles masas,
de seres confundidos como yo,
que no saben a dónde van,
ni tienen idea de dónde vienen.

Por ejemplo: una parte de mí,
se inclina, se humilla cual cordero,
ofrece la otra mejilla, siente culpa,
empuñando una espada de hierro.

La otra parte de mí, de pie,
permanece erguido, solemne,
con las manos vacías y la mirada al sol,
resistiendo… ¡incomprendido!

01 CAPULLO

Al principio no había nada,
Solo misterio inescrutable
En alguna parte del cosmos,
Y yo, sustancia en estado puro.

Y resulta que por un tiempo
Fui parte de ti...
Y tú parte de mí,
Como una sola persona.

Y sé perfectamente,
Que fue por tu voluntad,
Que percibí la luz primera,
Y el primer aliento de vida.

Y ajeno a tu voluntad...
Flor marchita, planta yerta,
Apenas brotada la semilla,
Volviste al origen de la vida.

Desde entonces te he buscado,
En toda forma de mujer,
Hasta llegar a comprender...
Que madre, hay una sola.

Leve imagen en mi vida,
Portento en mi cielo...
En este mar de rosas rojas,
Flor blanca en mi pecho.

02 RAICES

No hay luces de neón,
Ni candil austero,
En la rústica casita...
Solo la tenue luz,
De un fogón de múltiples usos,
Que ya se apaga.

No hay movimientos bruscos,
Ni ruido alguno alrededor...
Nada que perturbe el sueño,
De un niño recién nacido,
Que de rato en rato pasa a los brazos
De unos ángeles que lo cuidan.

Afuera, la siniestra noche palidece,
Acosada por luciérnagas intermitentes,
Escoltada de un manto de estrellas,
Bajo un cielo despejado de nubes,
Que permiten apreciar los rasgos,
De un semiárido paisaje de la sierra.

Pero ni el más rudo rostro de la noche,
Ni los más vigorosos y tensos músculos,
Pueden sostenerse, ni resistirse a la fatiga...
Y al fin se rinden a los brazos del sueño,
Que los llevará por insospechados lugares,
Hasta entregarlos a la luz de un nuevo día.

El afán de la nueva jornada
Es para los demás niños, un nuevo reto:
De dar rienda suelta a su imaginación,

Que se plasma en juguetes de barro,
Con tierras de colores, de los cantos...
Del arroyo a la puerta de la casa.

Eso no estaba permitido,
Pero igual, se jugaba a escondidas,
Lejos de imaginar que existían...
Motores o máquinas,
Interés simple o compuesto,
En las insaciables ciudades.

Aquí a falta de espejo,
Todos acicalaban sus cabellos,
En el reflejo del agua...
Los pajarillos cantaban libres,
Las plantas ofrecían sus flores,
Sin pedir nada a cambio.

En las lomas de Toraya...
Cuánta inocencia nos cobijaba,
Cuánta paz nos redimía,
Cuánto amor entretejido,
Cuántas vivencias acumuladas...
En nuestras frágiles memorias.

03 M. DOLORES

Sí, lo acepto.
Sé que no pertenecen a este instante:
Tu imagen, tu voz y tu compañía,
Y tal vez sea mejor así.

¿Hubo la posibilidad...
De capturarte en un pulso,
Sin que llegues a esfumarte?,
Imposible más dolor.

Tu espíritu probablemente viva,
En el espacio y en la eternidad...
Porque eso es lo que le corresponde.

Mas, hoy que el círculo de la nada está cerrado,
Y ahora que duele tanto tu ausencia,
Anhelo tu esencia... en estado de luz.

04 EL ESPEJO

Se empalaga la garua,
En esta mañana de invierno...
Pero sale el sol radiante,
De una humilde morada.

Le cubre con la mirada,
Dos ojos de universo,
Imperturbables en el tiempo,
Diligentes en el lugar.

Y llena de gozo dentro del hogar,
Sostiene el fruto de su vientre,
Con sus manos de seda,
Músculos y coraza fuerte.

No es asunto de la suerte,
Ni caprichos del azar,

Ella lo ha deseado…
Como corolario de su ser.

Me parece entender,
Esta escena tan tierna…
Cuantas veces la he sentido,
Por doquier reflejada.

Y en nuestra vida agitada,
La historia se repite,
Sembrando dicha,
En toda la humanidad.

05 HERMANA

Recuerdo andando de niño,
Las ropas ligeras, los pasos cortos,
El manto gris-plata del cielo,
Y la acentuada humedad…
En las mañanas camino a la escuela.

La ciudad se transformaba,
En un monstruo insensible,
Donde los ojos tristes de un gorrión,
Que emprender vuelo no pudo,
Reclamaba el abrigo que nos faltaba.

Entre las deshojadas ramas de un árbol,
Rodeado de soledad e indiferencia,
Las desnudas patitas le temblaban de frio…
Solo su tenue canto le consolaba… y

Le acompañaba hasta el sol de mediodía.

Pasaron algunas mañanas con sus días,
Él se acurrucaba entre la rama,
Y el tronco del árbol…
Yo, caminaba entre la vereda,
Y la pared de la calle.

Pero un día que logré abrigo en casa,
Al correr al arbolito que la cobijaba,
Ya no lo encontré allí ni en otra parte,
Y me alegré pensando que alzó vuelo,
Que alcanzó el sol que necesitaba.

Hoy, al volver después de muchos años,
Noté que amaneció esa calle sin árbol,
Sin hojas, ni gorrión…
Y me puse a pensar:
¿Habrá empezado el otoño?

Y el gorrión… ¿O mi corazón?
¿Anidará en mi casa…
Tal vez vuela hacia ti,
¿Para cobijarse en tus brazos?
O quizás… ¡dejó de existir!

06 EL MONTÓN

Ya no le afectan los fétidos olores
De los deshechos en descomposición,
Ni el de aceite quemado de los motores,
Con los que están mezclados:

Tuercas, pernos y tornillos.

Como cuervo al acecho,
Cree que todo lo que brilla es suyo,
Y con curiosidad decanta del basurero:
Alambres, pedazos de metal y plástico…
¡Pobre niño!

Desarraigado de su pueblo natal,
Donde moldeaba solo arcilla estéril,
Y sus manos jugaban al viento,
En su mundo que era campo abierto…
No sabe dónde ha caído.

Ahora, mugrientas las extremidades,
Pretende ignorar su realidad,
Y desea construirse un mundo nuevo,
Ya no de caminos de piedra o casas de adobe,
Si no, de altos castillos ranurados.

Un reino de la oscuridad,
De murallas hexagonales,
Y armas de combate… (*)
En fiera predisposición a la vida,
O a la muerte.

¿Dónde se quebró su inocencia?
Sus lágrimas ya no son de ternura,
Son de incontenible rabia…
Y su voz no se deja sentir,
Por un nudo en la garganta.

Nota (*): juguetes.

07 CAPITÁN

Aglomerados en círculo los observadores,
Un coro de niños alienta la rencilla,
Tomando partido por uno de los contendores.

Ellos, airadas las miradas,
Por el suelo la mochila,
A un costado la bicicleta.

Otro va con la cantaleta:
De quien pierde es el que chilla,
O el que sufre las rodadas.

¡Que paren a los pillos!

Se alarman los mayores,
En tanto que festejan los menores,
Al más pequeño de los niños.

El triunfador en hombros es paseado,
¡Capitán!, ¡capitán!... alabado, vitoreado,
Y en el suelo el otro ha quedado.

Mientras unas tías cuchichean,
Con miradas de soslayo:
¿Y los padres dónde están?

Si ellos les protegieron de todo mal,
Le enseñaron el buen camino,
Cultivando el alma racional...

¿Por qué ahora, sin razón,
Les clavan puñales en el corazón,
Con sus malas acciones?

Ajenos a estas retoricas los niños…
Si, con simplicidad les preguntaran:
¿Qué les falta para una buena conducta?

Responderían a gritos: ¡Cariño!, ¡mimos!
Que el trabajo no nos arrebate a nuestros padres,
O, que la vida nos devuelva a nuestras madres.

08 <u>TISIS</u>

Corría el cervatillo por el campo,
Entre las cabriolas de sus compañeros,
Hasta que un sabor desconocido,
Algo salado, empezó a paladear.

Dejó caer unas gotas de ese fluido,
Que tiñó al instante el pasto de rojo,
Y como un rayo, algo le llegó al cerebro,
No lo podía creer… pero empezó a desmayar.

Luchó contra las tinieblas,
No supo cuánto tiempo…
Hizo esfuerzos por calmarse,
Y se decía: esto tiene que pasar.

Al rato, después del susto,
Fue a uno de esos lugares,
Donde suelen curar a los animales,

Hizo la cola, lánguido llegó a su turno.

Sonriendo un hombre de blanco comentó:
¡Pobrecillo!, tan tierno y por acá...
Le observó superficialmente y dijo:
Nada tienes, ya te puedes marchar.

Luego, una dama de verde,
Le abrió la boca...
Le echó una pastilla inocua,
Y le invitó a caminar.

Más temprano que tarde,
En algún lugar ignoto,
Exhausto, un charco llegó a formar,
Con lo que, de su boca, volvió a brotar.

Estoy acabado se repetía,
En cada estruendosa erupción,
De algo espumoso, enloquecedor,
Rojo vivo, como lava de volcán.

Mientras luchaba por su vida,
Dentro de él se repetía:
No es la daga ni la bala, la que mata,
Si no, la indiferencia humana.

Feliz o desgraciadamente...
No llegó a morir en ese instante,
Pero ese recuerdo de sangre,
Le sigue para siempre.

09 FLOR DE PRIMAVERA

Días de sol y primavera,
Macetas y calles polvorientas,
Casas rectilíneas de un solo piso,
Ventanas y puertas, rectangulares,
Solo faltaba alinear los corazones.

Misión difícil con los niños,
De alborotados pareceres,
De distintos temperamentos...
Que no saben lo que quieren,
Ni quieren lo que no saben.

Eran días de discriminaciones:
Los niños en las calles,
Las niñas en las casas...
A veces en las ventanas,
Con algunas poses calculadas.

No había colegios mixtos,
Bien de niñas o de niños.
En la casa de un niño,
Solo sus hermanos y su padre,
Así lo quiso el destino.

Pero un día llegó una niña
Rompiendo los esquemas,
Para ella no había fronteras,
Ni valían las banderas.
Todos los niños eran sus amigos.

Otro día jugando a las escondidas,
Les tocó el mismo rincón:
Él pálido como un lirio,
Ella delicada como una rosa,
¡Qué nervios si les descubrían!

Ella le tomó la mano fría,
Él sintió un terciopelo...
Rosaba la seda al musgo.
¡Qué sensación tan rara!
Las mejillas de ambos se encendieron.

10 COSHAMALE

Bullanguero arroyuelo que aspirabas a ser rio,
Que conversabas rompiendo el silencio de la región,
Con los pajarillos que andaban de paso...
¿Podrás escuchar mi voz distante?

Yo no podía ver, notar, alegrarme,
De la belleza del campo que nos rodeaba,
Y te vía común... no te admiraba,
Hasta que tuve que alejarme.

¿Aún llega a tu orilla aquella campesina
De inocente sonrisa, que apretaba sus trenzas...
Como acicalan las vizcachas sus orejas,
Mientras tú le coqueteabas?

Aquí, en el lugar donde ahora vivo,
El vértigo de la vida diaria me sofoca,
Y lo poco que he podido disfrutar es de los niños,

Que prácticos y cimarrones, no aceptan mimos.

Agrandados a la fuerza,
A torrentes echan ruidos de sus bocas,
Y se burlan con jactanciosos ademanes,
De la candidez de los incautos forasteros.

Hoy un rio irreverente de mocositos,
Frente a mí se echaban la culpa,
De haber dicho múltiples lisuras,
Negándose todos, haberlas pronunciado.

Hasta que uno con media lengua dijo:
Eyosdigedon: "coshamale"
Mientras todos gritaban:
¡Mentira!

Luego de una pequeña pausa,
Otro que masticaba mejor el idioma,
Dijo que eso se pronuncia:
"Con... d. t. ma..."

Abría la boca como demonio,
Apretaba los dientes con fuerza.
Luego, todos se esfumaron, fluyeron...
En medio de esta selva de cemento.

Bullanguero arroyuelo,
ojalá que esta blasfemia no te alcance.

11 PIEDRA

Como círculos negros,
Imperceptibles en un cielo,
De despejada noche,
Yo hallé muy tarde la profundidad,
De tu oscuro misterio.

Negro capulí,
Adornado con el brillo,
De tangencial estrella solitaria,
En cada uno de tus ojos...
Con qué candor me mirabas.

El áspero tapiz de tu rostro,
De regio color maíz tostado,
De trigo dorado... me asustaron,
Al notar que todo tu ser...
Frente a mí se estremecía.

¿Por qué será que, al momento,
No se percibe lo extraordinario?
En esos días con sus noches,
Yo solo tenía ojos para el ecran,
Con doncellas de otras realidades.

(Muy tarde me di cuenta,
Que me negué al negarte).

Paloma oscura:
Yo que te lastimé,
Yo, que hice rodar tus lágrimas,
Porque no sabía, que sabías llorar...

Hoy tengo ríos de llanto.

Nunca sabrás que muy tarde,
Lejos de ti me di cuenta,
Que lo tuyo es lo mío.
Y que somos:
Hierva silvestre,
Humilde flor,
Sierpe de los sembríos
O piedra del campo...
Con un común destino:
Vivir a ras de la madre tierra.

¡Pero no te quedes allí!
Si mi voz aun te alcanza,
Te lo ruego...
Con tus pies descalzos,
Con tu falda austera,
Con tu impecable blusa,
Con tu pequeña lliclla,
Vuelve tu mirada...
Que mis brazos te esperan,
Con un ruego de... ¡perdón!

12 <u>LA NOTA</u>

De pronto se iluminó,
Se llenó de gracia,
Creció su imagen,
El capullo se abrió:
Con formas interesantes.

Hoy que sientes admiración,
Y notas los latidos de tu corazón,
Por alguien que te era indiferente…
Levanta la frente,
No necesitas una razón.

Pero no corras con desesperación,
Primero debes ver la señal,
La respuesta al mensaje sutil…
Y mejor recibir una evasión gentil,
Que recibir un desdén (cruel puñal).

Pero si sientes que tocan
La puerta de tu corazón… espera,
Toma tu tiempo y al rato:
Si es la ilusión se habrá esfumado,
Si es el amor, aun estará allí.

El amor, cuando la fascinación acaba:
Valora lo que el alma posee,
Como tesoro interior…
La savia,
No la forma exterior.

En los sentimientos,
Hay que tener seguridad,
No se debe jugar…
Porque es imperdonable,
Esa crueldad deliberada.

Si te equivocas,
Luego de la ilusión pasada,
Para la persona lastimada,

Solo quedará desazón, desconsuelo,
Tristeza, desencanto... falta de luz.

La ilusión se acaba,
La pasión se extingue,
El sol se oculta,
Pero el amor prevalece...
¿Está claro el camino?

13 CORTINA

No fue mi idea, es cierto,
Era una noche de copas,
Ellos querían diversión...
¡Al diablo los prejuicios!

Unos y otros decían:
Emites por todos los poros,
Un sentimiento salvaje,
Y ella tiene que saberlo.

Apenas la conozco – replicaba -,
Con mayor razón – alentaban -,
No sé si puedo –murmuraba -,
¡Si se puede! –coreaban-.

La bruma de la noche,
El smog de los carros,
No caben excusas...
¡Fue mi decisión!

Ellos hicieron cortina,
Cortando el tránsito,
Yo, hecho el muertito,
En medio de la calle.

¡Tremendo escándalo!
Los bocinazos...
La gente alrededor,
Como gallinazos.

¡Presión... tensión!,
La espera desesperada,
Y nadie salió a la ventana,
Nos ganó el cansancio.

Eran los pininos de un chico,
Ebrio de sentimientos, ganapán,
Haciendo el ridículo, sin saber,
Que ella... ¡ya tenía dueño!

14 LA PENSIÓN

¿Aún conservas la cajita musical,
Con los acordes de Beethoven "Para Elisa"?

No hubo tiempo para que otra melodía,
Inmortalizara lo que el viento se llevó.

¿Aún tocas madera... la mampara,
Que ponía música a una ilusión?

¿Al compás de un corazón,
Que no se cansaba de vibrar?

¿Y tu calzado que ponía ritmo,
En el pasillo al taconear?

¿Y tu sonrisa de Gioconda,
Tras del cristal?

¿Dónde quedó los lentes,
Que nunca te querías quitar?

¿Y el tintineo en el tocador,
Qué mensaje quería codificar?

Si sigues ausente…
La respuesta, no vendrá.

15 CÓDIGO

En cabeza ajena nadie experimenta,
Cuando la fuerza de la tormenta,
Nos toma de manera desprevenida,
Y no da posibilidad de una huida.

¿Qué hacíamos a esa hora, en ese lugar,
Qué nos cegó, qué nos impulsó a llegar,
Tratando de: al destino retar…
Lejos del calor de nuestro hogar?

No hubo preámbulo, lira ni poema,
Debajo de un árbol, acabaron los pasos,

Y los actos sustituyeron todo tema,
Olvidando la censura, volviéndolos escasos.

Conjugando cuerpo y alma hicimos lazos,
Para nosotros de gloria y para otros de condena,
Con eso, los papeles hicimos pedazos,
Y rompimos de la sociedad la cadena.

Desde aquella vez, arando en el mar,
Busco en los Códigos el derecho de amar,
Para ver si le puedo negar al corazón
Lo que siente... ¿sin razón?

16 ALGO

Tu voz...
Son campanadas que me anuncian:
El brillo de tus ojos,
La dulzura de tus labios,
El perfume de tus cabellos,
La ternura de tu mano,
La tersura de tu piel,
El volumen de tu cuerpo,
El paraíso recobrado,
La fusión de los espíritus,
La algarabía de los dos,
La sensación de plenitud.

Tu voz...
Son campanadas de gloria,
Llamándome por mi nombre,
Con esa melodía singular,

Que tanto me encandila.

Te
Quiero,
Tanto mi amor.

Más,
A esta hora...
En la lejanía,
Tañen campanas.

¡Dios mío!,
¿Habrá algo...
Que me aparte de ti?

17 LUMINARIA

Llegaste luminaria,
Cual rayo centelleante,
Cual tormenta imprevista,
Rompiendo la quietud.

Y Floreciste mi desierto,
Incendiando la pradera,
Destruyendo los prejuicios,
Fertilizando las ideas.

Luego, tomaste mil formas:
Cual loca mariposa,
O gacela esbelta...
Dando brincos de contenta.

Con candorosa ingenuidad…
Desbordabas ganas de vida,
Dabas más de lo que recibías,
Y tal vez, yo no lo merecía.

Esto no podía ser para siempre…
Por eso un día volaste como el viento,
Para luego, imponerte regresar,
Y quedar… fundida en mi piel.

18 GANAS

Como olas de mar,
Renovada y constante…
Son las ganas que tengo de ti.

Ganas de sentir…
Que se me hace agua la boca,
Cada vez que llego a besarte.

Ganas de sentir…
La tibieza de tu cuerpo,
Al abrazarte.

Ganas de sentir…
Tu perfume embriagador,
Envueltos en un solo capullo.

Ganas de sentir…
Tu voz persuasiva en la cama,
Aunque ya no estés aquí.

19 DULCE ILUSIÓN

Ayer que no pude hablar contigo,
Me pregunté: ¿Qué pensarás de mí?
Es que acaso, tal vez, ¿puedo ignorarte?
Y como conozco de tus iras...
Quise demostrarte que siempre,
En mí estás presente y escribí:

Con el rubor de tus mejillas encendidas,
Te recuerdo dulce ilusión,
Con la almendra de tus ojos,
Con el negro de tu pelo...
Compitiendo con la noche oscura,
En la seducción de un dulce sueño.

Con tu frente y serenas cejas,
Contrastando con tu mirada,
Jugando a ganar con tus labios,
Adornado con aquel inquieto lunar,
Invitando a inconfesables,
E irreverentes deseos.

Yo que te conozco completamente,
Puedo describir detalles,
De tu cuerpo celestial,
Que no llegaste a descubrir...
Pero, lo guardo para mí,
Y no lo comparto con nadie.

20 DIME

Me hablan de ti,
El viento suave,
La tenue luz,
La suave fragancia.

Me hablan de ti,
Las copias solas,
Las horas libres,
Los escondidos pasos,

Y a todas esas voces,
Cansado de esperar…
Mi vehemente corazón,
En vano intenta alcanzar.

Pero luego pienso:
No son a las voces,
Si no a ti,
A quien quiero.

Si presientes mi pena,
Si mi dolor te alcanza,
Si ahora no puedo verte,
Dime entonces ¿cuándo?

21 LA IRA

Cuando observo a mi amada,
Que le falta valor para mirarme,
Veo rodar mis ilusiones…

Y pienso que ya no tendrán mañana,
Los sueños de ayer.

Cuando noto esquiva su mirada,
Creo que se deshizo el encanto,
Y olvidó que solo ayer,
Entre lágrimas y risas,
Trazábamos un mundo mejor.

Cuando siento que no hay nada,
De mí para contentarla, me pregunto:
¿Qué volvió su corazón de piedra?
¿Qué la convirtió en mármol para mí?
¿Qué fosilizó sus sentimientos?

Mujer... ¡mujer!:

¿No bastan las sentidas palabras?
¿Tan poco, valen los gestos?
¿Ya no habrá amor?
¿Solo deber?
¿Castigo?

O tal vez... ¡la ira de Dios!

22 <u>SOLO</u>

Las palabras cariñosas,
Los gestos candorosos,
Las pasiones exaltadas,
¿Jamás existieron?

Si no, ¿Dónde están guardadas?,
¿Fueron solo espejismo?,
¿Vapor que se deshizo?,
¿Candil que el viento apagó?

Las dudas asaltan mi mente,
Y repetidas veces me digo:
Ni un cabello, ni una flor...
Menos un retrato, guardo de ti.

Nada tangible ha quedado,
Solo imágenes en el aire...
Por eso a veces siento:
¡Estoy solo, con mi corazón!

23 SIMBIOSIS

Ven a mis brazos que ansiosos te esperan,
No serán ellos lazos, ni cadenas opresoras,
Tan solo arrullo, ternura y manto.

Ven, que para ti extendidos siempre están,
En ellos hallarás refugio a tu cansado vuelo,
Protección a tu desamparo, pero libre.

Tú me brindarás tu canto,
Yo, el sentido compás de mi corazón,
Y unidos, hallaremos la simbiosis del amor.

Cuando todo parezca consumado...
Tu dueño reclamará los olvidados lazos,
Y sin pensarlo, le brindarás tus brazos.

Luego ambos, en feliz vuelo marcharán…
Y yo quedaré en medio de este paraje solitario,
Con mi ramaje de cansado vegetal.

Y llorando mi condición enraizada,
Me aferraré a mi corazón de madera,
Para gritar… ¡No volaré jamás!

Y tal vez, solo tal vez…
En ese momento alguna voz me dirá:
Concilia con tu naturaleza.

24 CRUJIDOS

Porque te aferras a mí a solas,
Y me ignoras delante de todos,
Blanca paloma, lazos de oro,
Déjame libre… ¿Si?

Frente al temporal que se avecina sin ti,
Si mis ramas no pueden desafiar al viento,
Y este me arrastra hacia un abismo incierto…
No tengas pena… la culpa será solo mía.

E inerme en ese precipicio,
Clamaré incomprendido:
Ven muerte que te ensañas,
Con el que te pide clemencia.

Toma mi vida sin reparos,
Deja de darme vueltas, desentendida,
Hiélame con tu aliento sin engaños,

Y no te apagues cual frágiles velas.

Frente al inevitable abandono,
Muchas veces en mi delirio,
Trazándome el escenario final...
Febrilmente también he pensado:

Cuando duele el corazón,
Ahora que tu destino está lejos,
Pienso que todo es posible,
Y sueño con alcanzarte.

Pero despierto pronto,
¡Qué ironía! –Sonrojo-,
¿Cómo podría volar, ni caminar cojo?
Con estas raíces... ¡ni brincar!

25

Esta es...

LA DESPEDIDA DEVUELTA

... ¿Te acuerdas?

Hay lágrimas que no se ven,
Pero se sabe que llenando están la copa,
Con las notas más tristes de una melodía sin nombre.

Hay dolores que en nada se reflejan,
Pero se siente que acumulándose están,
En el recipiente cristal de nuestro ser.

Hay despedidas que no se proclaman,
Pero se nota en el vacío indiferente, inconmovible,
De aquella copa que no queríamos beber.

Hay palabras que no se pronuncian,
Y que tamborean en nuestras sienes:
Este es el final... final... final.

Y en fracción de segundos...
En el oscuro caos de nuestra mente,
Todo lo vivido, pasa relampagueando.

Sucederá estoy seguro,
No pasará de julio...
La copa estallará en mil pedazos.

Y no quedará ni un pedazo de cristal,
Ni una palabra entrecortada...
Nada... ni tiras de papel.

26 DESTELLOS, LUZ Y SOMBRA

Eres el eco de un día de fiesta,
Que estalla en voces y risas,
Cual ramillete de fuegos artificiales,
Que con su luz lo encandila todo.

¿Qué impulsó el retorno?
Atrás quedó la sombra...
¿De una etapa superada?
¿Milagros de una metamorfosis?

No hay tiempo de pensar,
Y me arrastras sin voluntad,
Al compás de tu música seductora...
Sin poder mover mis raíces.

Es rápido y asimétrico tu vuelo,
Cual ángel o mariposa despistada,
Vienes, vas... y a lo lejos,
El eco de tu voz se multiplica.

Mas... confundida con otras voces,
Vuelves acaramelada,
Con tu manto me cubres,
Y... te amo, me susurras.

En vano te digo: quédate conmigo,
Pues tú me respondes:
Mi vuelo y mi corazón son más grandes,
Que el espacio que no une.

En vano grito al cielo:
Si me quieres, el amor entre dos:
Es excluyente...
Y lo compensa todo.

(Pero nada detiene tu vuelo).

Destellos, luz y sombra,
Los días pasan...
Hasta que un manto gris,
Volvió a traerte.

Le amo solo a él…
Sollozaste con amargura;
Yo que tenía todo a mis pies,
Y no le importo nada.

Y, desprendiendo tus alas,
Clamabas la muerte…
Yo, sin poder hacer nada,
Solo crujían mis ramas.

Y quietamente murmuraba:
Ángel de barro, ángel cruel,
Por fin… ahora,
¿Tendrás algo de humano?

27 ESTAR SIN TI

Después de todo lo que hicimos,
Soporté el ciclón de saber,
Que ya no podía contar contigo.

Sin embargo, hoy me derriba
Hasta la tenue brisa,
Que me trae el olor de tus cabellos.

Sé que a tu corta edad,
Nunca perdiste nada,
Nadie cercano dejó de existir.

Tú que pasaste por mi vida,
Tomando todos los espacios de mi ser,

¿Te imaginas lo que es quedar sin ti?

¿Sabes cómo el alma te abandona,
La razón se enturbia,
O que, de tanto dolor…
Hasta las sombras del día te dañan?

¿Alguna vez sentiste a tus pasos, solos,
Vagar acechado por sarcásticas risas…
O mofas inexistentes?
¿Algo a la mano… te resultó inalcanzable?

Candorosa ingenuidad,
Maligna inconsistencia,
En tu loca carrera…
¿No sabes lo que es llegar al final?

El amor tocó mi puerta,
Me dio su aliento…
Y se esfumó al juntar
Estas hojas inertes.

28 <u>AVES SIN DESTINO</u>

Nos entregamos sin medida,
Y no hicimos uso de la razón,
Hasta quedar con la fe perdida.

¿De qué vale el amor sin destino?
¿De qué la rueda sin rumbo?
¿De qué la tierra sin agua?

Ahora que la reflexión nos alcanza,
¿Será posible saber…
Qué ganamos al sembrar en el desierto?

¿Cosecharemos: una lágrima…
Un haz de luz…
O tal vez una flor?

Después del tiempo perdido: ¡Nada!,
Quedando, inevitablemente…
Como aves sin destino.

Inconsistencia, ceguera, desesperanza…
Aves de presa y carroña... en esta hora final,
¿Qué quedará de nosotros?

29 DETALLES

Pasa el tiempo insensible,
Con las manecillas del reloj detenidas,
Empozando la rutina de los días,
Y yo, sin saber nada de ella…
Hay detalles que me hacen llorar.

Revolotean alrededor parecidas,
Todas con las mismas acciones,
Hasta los ademanes de la más bella,
Por no tratarse de ella…
Hay detalles que me hacen llorar.

Son sus miradas, es su sonrisa,
Es su voz, el mismo coqueteo,

Hasta parecido el corazón veo,
Y por no tratarse de ella...
Hay detalles que me hacen llorar.

Sin saber nada de ella,
¿A dónde caerán estas notas?:
A una dura piedra,
A un llano de arena,
O, ¿a un charco de fango?

No lo sé,
Lo que sé, es:
Que no llegarán al rio,
Y menos al lejano mar...
En el tiempo que queda.

30 RAZONES DE VIDA

Vienes y te pones al frente,
Pero no veo a la misma...
Que alimentaba mis sueños,
Que vestía de fiesta mis días.

Estás presente...
Pero con la mirada ausente,
Me extiendes la mano,
Y me hablas de amistad.

Qué hermosa es la amistad,
Cuando uno lo siente...
Aunque por inercia al otro lado,
Alguien muere de amor.

¿Amigos?
¡No!

No fuimos amigos,
No somos amigos,
Y no lo seremos…
¡Nunca!

Locura y cordura,
Débil cuerda…
Que nos toma del cuello,
Y nos quita, u otorga la vida.

Sentimiento… tenue velo,
Que nos cubre o descubre,
Cuando es frágil hierro,
El eslabón al que nos aferramos.

Nada queda alrededor…
Solo las lágrimas corriendo por mis mejillas,
Paralelas a la corriente de tristeza y desencanto,
Que invaden mi cuerpo entero.

Son estas… ¿razones de vida?

31 EL DOLOR

Aprendí a escribir del dolor,
Con un nudo en la garganta
Y un vacío en el estómago,
Pugnando por alcanzarse…
Para hacer estallar mis sentidos,

En desconocidas sensaciones
Indescriptibles e interiores.

Aprendí a escribir del dolor,
En la fracción de segundo,
En la que la ira la potencia,
La persuasión se desactiva,
Dejándome inerme...
Ciego, sordo y mudo,
Perdido en el mundo.

Aprendí a escribir del dolor,
Con un dolor que no se siente,
Porque este, está al acecho,
Agazapado en la oscuridad,
Buscando la sorpresa,
Para dar donde más duele.
Cual estocada final,

Y a veces duele más,
Cuando lo esperas...
Y nunca llega.

32 RUMOR

Ya no,
Ya no la busco,
Ya me convencí,
Que no he de hallarla entre la gente.

Ni, aunque la busque,
En cielo, tierra o mar…
Entre las sombras,
O al voltear la esquina.

Ya no la busco
Y no comprendo,
Por qué todos la ven…
Y yo no puedo hacerlo,

¿Será cierto el rumor,
Que no he de verla,
Aunque estuviese al frente,
Con el corazón latente?

¿Será cierto
Que solo tengo ojos
Para el pasado…
Que ya no existe?

En todo caso…
Ya no la busco.

33 PARA SIEMPRE

En algún lugar del mundo,
Hay un corazón que late,
Por otro corazón.

Ya nada los une,
Salvo un espacio en el recuerdo,
Que el tiempo les niega el don del olvido.

Estas son vivencias
Que se repiten siempre,
Una más... ¿a quién le importa?

Y a pesar de todo,
Hay un corazón...
Que late por otro corazón.

Solo Dios sabe el valor,
Del roce de la piel amada,
Y dos miradas que se unen,

Pero nadie sabe hasta cuándo,
Late un corazón por otro corazón...
¿Será para siempre?

34 ADIOS

Si te vas con la esperanza,
Que un día he de verte...
No es el final.

Ya no serás mía,
Ya no seré tuyo...
No hay derecho de propiedad.

Como dos corrientes distantes,
Tu vida será de los tuyos,
Mi vida será de los míos.

Si te marchas, no sé...
Hoy estoy sensible...

Perdido en un oscuro mar.

Pero al amanecer, con fuerza...
Retaré al destino,
En busca de felicidad.

Y si a pesar de todo,
No logro hallar la orilla...
Te espero allá en la eternidad.

35 PESADILLA

Deshecha la ilusión por la realidad,
Arrebatada de mis ojos por el tiempo...
Me has dejado en el limbo.

Pero de cuando en cuando,
Vuelves a mis sueños sin permiso...
¿Estás probando a ver si me deslizo?

Y si decido alcanzarte,
En cuanto doy un paso...
Empiezas a desdibujarte.

Siento que me espías entre sombras,
Pero si decido levantar el velo...
Seguro que ya alzaste vuelo.

Si no estás cerca,
Ni lejos de mí...
¿En qué consiste el juego?

36 PÉTALOS DE, GRACIAS

Son los caminos de la vida,
No solo de luz y de sombra,
De tristezas y de alegrías,
Son también de espinas y de aromas.

Aroma y perfume de flores,
Coloridas y plurales…
Esas, las de tierra fértil,
De agua dulce y trasparente.

Flores que guardan armonía,
Con arroyos de agua limpia,
Que discurren apacibles,
Generando nueva vida.

Aguas interrumpidas solo,
Por breves cascadas efervescentes,
Que ponen a prueba su fuerza,
Vitalidad y gracia.

Esas son las flores que prefiero,
Y pido al cielo que me aparte,
De otras que, aunque exóticas….
Están distantes y desconocidas.

Flores con misterio…
De selvas tropicales,
Ríos caudalosos,
O mares tormentosos.

Flores enigmáticas, seductoras,
De aguas que casi siempre,
Traen con igual intensidad:
Felicidad, zozobra o la muerte.

Yo estoy a gusto con las primeras,
Las plantadas en mi jardín…
Esas regadas con esmero,
Con agua fresca como ustedes.

Y que en ocasiones como esta, las corto…
Para expresar gratitud por las palabras,
Que generosamente me brindan,
Algunos… sin conocerme.

37 SIN PRISA, SIN PAUSA

Hoy que es mi día libre,
Tengo muchas cosas por hacer,
Pero debo levantarme primero,
Y disponer el hombro…
Para que alguien se apoye en él.

Hoy tengo que arreglar el piso de la casa,
Levantar mi corazón que está por los suelos,
Pintar la puerta, aceitar la cerradura,
Y dejar sin llave mi corazón…
Para que pueda entrar el que quiera.

Pero hoy no tengo sueños de grandeza,
No me siento el guerrero:
Que conquistará o salvará al mundo…

Si apenas me obedece mi mascota,
Si acaso puedo redimir a un caracol.

Sin embargo, hoy que es mi día libre,
Que es un día como muchos,
Después de tantos días de espera,
Para dejar libre las ideas...
¡Tengo tantas cosas por hacer!

Pero nada valdrá si al final del día,
No logro hilvanar, unir una idea,
Que me permita dar forma,
A una sonrisa en tu rostro...
Con señal de felicidad.

¿Una palmadita en el hombro?

38 IRAS SANTAS

No me hablen de la oscuridad,
Si esta no es bella...
Con algún elemento de misterio.

No me hablen de la pena,
Si no hay alguna pérdida...
Que el destino la vuelva inexorable.

No me hablen de la ira,
Si esta no construye algo...
Con fuerza, con entrega.

Porque la oscuridad sola, es nada,
Porque la pena con esperanza, es poca.
Porque la ira que devasta, es estéril.

Si es inevitable:
La oscuridad, la pena...
Necesitamos de la ira.

De esa que nutre el alma,
De esa que la hace fértil,
De la que recibe la luz del mundo,

De la que refleja en su rostro,
Rostros múltiples,
El rostro de los demás.

Esos, de diversas expresiones,
De variadas texturas,
De todos los matices

Pero, de limpio corazón
Para que el mundo avance,
Hacia un destino mejor.

39 BESITO DE COCO

No es la nebulosa estelar,
La que nos separa,
Ni la que hace la distancia.

Tus y mis, múltiples quehaceres,
Son la expansión acelerada del espacio,

Que aleja nuestras vidas.

Echemos a un lado la carga negativa,
Que direcciona nuestros actos,
El mundo no cambiará por eso.

Si el carbono es la esencia de la vida...
La voluntad, es la fuerza magnética,
Que conserva nuestros sentimientos.

No permitamos que el entorno,
Condicione nuestros actos,
Esa, es una decisión interna.

Si no hacemos lo suficiente,
Por un espacio común a los afectos...
Ya no habrá amor en adelante.

Peor aún:
Si el simple roce de nuestras manos,
Se torna ausente...

La atracción desaparecerá,
Si antes...
No explota para siempre.

Agujero negro o big ban en el espacio,
La nada o el todo...
En los sentimientos.../Il

Toc, toc... este...
¿No sería mejor...
Besitos de coco?

40 EL BIEN AJENO

En cualquier lugar del mundo,
Hay chicos que caminan,
jugando con sus sueños,
Con metas de ilusión...
O la sonrisa de la luna.

La ciudad, el vecindario,
Los jirones, los jardines,
El rio, el inmenso mar,
El cielo de cualquiera de ellos...
Son testigos de su felicidad.

Hasta que suena el clarín...
Y las voces, las masas, corren,
Aquí, allá y en todas direcciones,
Por todos lados coreando:
¡Defendamos nuestro hogar!

Al hombro el fusil,
A la espalda su país,
Al borde la frontera,
Flamea la bandera
Por momentos a uno y otro lado.

Los aviones, cañones y misiles,
Ya cumplieron la tarea,
De demoler los objetivos mayores,
Ahora, se asaltan las trincheras,
Los senderos y barricadas.

Todos, concentrados en el combate,
Los disparos a discreción,
Cruce de balas,
Las voces aguerridas:
Retroceder ¡nunca!, rendirse ¡jamás!

Con la adrenalina en su máxima expresión,
Se dispara a lo que sea,
Hasta que, frente a frente,
Una voz replica:
Son ellos o nosotros.

Puede ser que en una calle,
En algún escondite, en un rincón,
O en cualquier lugar sospechoso,
Se oye un disparo o...
Se siente un golpe certero.

Los dos están camuflados,
Desgarrados,
Cubiertos con el mismo lodo...
Ya no se nota el emblema que los separa,
Ni la razón que los empujó a la batalla.

Uno de los contendientes cae herido...
Y otra voz insistente:
¡Repasa!, ¡repasa!...
Los dos tienen desorbitados los ojos,
¿Quién recibirá el remate?

Ninguno de ellos es el fabricante de armas,
Ni el de la mano oscura que ordena
Arrebatar el bien ajeno,

Que es el fin que está...
Detrás de todas las guerras.

41 TRISTE NIÑA

La niña está triste,
Y al compás de la lánguida tarde,
Quiere morir para siempre.

Y como si morir para siempre fuera poco,
Como antesala de ese trágico final,
Ansía el imposible de volar.

Tener alas para llevar su dolor,
A todo lugar donde caiga,
La tétrica penumbra de la noche.

Y en el crucial momento del último suspiro,
Pretende gozar del beneficio,
De no sentir nada.

Y todo eso por no haber logrado,
La atención, la mirada,
De alguien que la haga sentirse amada.

Lo que ella no sabe es que, al amanecer,
Le llegará el momento prodigioso de brillar,
Con una luz que no podrá ignorar...
Aquel a quien ella espera.

Y él se deslizará a su corazón,
Usando todos los medios:

¿Será por la pupila de sus ojos?
¿Por alguna célula del olfato?
¿Por alguna palabra o frase?
¿Por alguna parte del gusto, del tacto?
O tal vez, ¿por alguna fibra desconocida,
Del universo de su cuerpo? ...
Nadie lo sabe.

Lo que se sabe es:
Que llegará a su corazón
Y se quedará allí para siempre...
Porque es un mandato divino.

Y como no está enterada de ese milagro,
La niña está triste...
Y quiere morir para siempre.

42 <u>LÁZARO</u>

Enfrascado en desigual lucha,
Vencido por un microscópico ser...
Parecía un famélico dinosaurio,
Inerme frente a lo desconocido.

Tendido en la cama de un cuarto,
De una destartalada y añeja casona,
Padecía de una enfermedad infecciosa,
De esas que tiene cura para el que tiene dinero.

Los suyos huyeron de ese infierno,
De ese lugar de cuatro por cuatro metros...

Jardín de la infancia, que servía a la vez:
De sala, comedor, cocina y baño.

Por las desgastadas y ruinosas escaleras,
Muchos pasos corrieron hacia él,
Tu Fe te sanará y salvará le decían,
Pero con las manos vacías.

Algunas migajas de los vecinos le caían,
Pero era tan prolongado su mal,
Que ni ellos pudieron soportar,
El hediondo olor a muerte.

Era tanto el sufrimiento,
Que ni la voz le alcanzaba,
Para expresar ese tormento…
Nadie escuchaba ya su lamento.

Un día no se sabe ¿Cómo?,
No se halló al enfermo,
Todos se miraban entre sí…
Si no se vio ni escuchó ¡nada humano!

¿A dónde habrá ido a parar,
Aquel que no llegó a ser engranaje,
Si no tan solo un eslabón,
De esta tétrica ciudad?

Lo peor es que hasta ahora siento…
Que no está distante el lugar,
Y tampoco ese rostro lúgubre,
Que cada día crece más.

43 SEÑORA ADVERSIDAD

Tú que me quitaste el amor primero,
Que pusiste distancia entre los que quiero,
Que me ajustaste con el vil dinero.

Tú que quieres que me alcance el hielo
De la indiferencia y el miedo,
Que quieres que reniegue del Dios del cielo.

Tú que me pones piedras en el camino,
Que te opones a mi destino,
Y que crees que valgo un comino.

Tú no lograrás doblarme las rodillas,
Porque a despecho de tu cruel sonrisa...
Aún soy más fuerte que tú.

Porque estoy en paz con mi conciencia,
Porque tengo el alma llena de afecto,
Y puedo compartirlo con todos.

Tú no lograrás vencerme...
Porque mi corazón late con más fuerza,
Al sentirme cerca de casa.

El lugar ideal donde encuentro:
Una mano que me alcanza,
Unos brazos que me acogen.

Unos hombros que soportan mis pesadillas
Y corazones que me brindan esperanza...
Latiendo, al compás de mi corazón.

44 ANGELES DE CUNA

Una casa con un niño,
Debe ser defendido,
Más que una nación,
Más que una religión
De todo desvarío...
Venga de donde venga.

En su modesto, o fastuoso hogar,
Ningún demonio es permitido...
Tenga espada,
Lengua mordaz,
Use ostentosa capa,
O sinuosa falda.

Que huyan los chamanes,
Los que venden armas,
Los que jalan del gatillo,
Los que prostituyen sus actos,
Los que envenenan con alimentos,
Los que enredan los conceptos, etc., etc.

Porque en la cabecera de un niño,
Los únicos permitidos,
Son los ángeles de la guarda:
El padre que le dio la vida,
Y La madre que le concibió
Dándole a luz, en la vida.

Si este ideal no es posible,
¡Por todos los cielos!
Habrá que acudir

A ángeles terrenales…
Empezando por los abuelos,
Seguido de los demás parientes.

45 PASTEURIZAR

Hoy no hubo acuerdo,
A pesar de comprenderte,
Y me da pena el impasse,
Cada vez que lo recuerdo.

Para poder sorprenderte
Pongo en práctica la estrategia
De rogar como niño,
A ver si cedes con cariño.

¿A qué atribuir esa necesidad
De sentirse redimido,
De ser amado,
Por la persona amada?

¿Por qué se vuelve prioridad?
¿Cuál es el mecanismo?
¿Y por qué me siento tan feliz,
Si todo en silencio se resuelve?

Y a veces una lágrima tuya,
Rueda por mi mejilla…
Quemando como lava,
Quedando como hielo.

Y, ese rayo de calor y de frio...
¿Podrá pasteurizar mi alma,
Eliminar mis demonios,
Rescatar mi espíritu?

Cuando eso pasa,
Sabiéndome culpable,
Ya no sé cómo me siento...
¡Yo mismo me repudio *+`·#>^*!

46 ARTILLERÍA PESADA

Ya he notado,
La artillería pesada,
Con la que esperas recibirme.

Culpable o no...
Espero en cambio:
La paz del redentor,
El mensaje de salvación,
El sermón de la montaña,
La felicidad o la Cruz de hoy.

El "ojo por ojo",
Del antiguo testamento,
Fue cambiado por la sangre de Jesús...
Ya que él nos enseñó:
"Amaos los unos a los otros,
Como yo os he amado"

Si en el mundo impera la violencia,

Si se pierde la paciencia,
Si se alienta el caos,
Si se privilegia el castigo,
Si no se aguanta más...
No tenemos que destruirnos.

Si vivimos tiempos de opresión,
Donde el vil no se da cuenta,
De su condición de tal,
Y usa por todos los medios,
Su látigo a diestra y siniestra...
No tenemos que sumarnos a él.

Hagamos uso de la razón,
Vivamos la esperanza,
De que algo nos ilumina,
Observemos que aún brilla,
La estrella de Belén...
Y no nos alcanzará la muerte.

Si todo esto no basta,
Para aplacar tu ira...
Te ofrezco, la otra mejilla.

47 EL MANANTIAL

Con los cabellos plateados,
Sin destino, ni brújula...
Perdido en la niebla del tiempo,
Negándose a doblar la espalda,
Va resistiendo el peso del mundo.

Su porte erguido cedió,
Su mirada de águila,
Quedó opaca por el tiempo…
Y con sus ojos fijos en el cielo,
Ya no sienten lo que pasa alrededor.

Y para interpretar la perla,
De sus esporádicas lágrimas,
Imposibles de descifrar,
A veces le endoso…
Alguna de mis pesadillas:

Todos dicen que ya no ve…
Pero él aprecia con toda claridad,
Un caminito abierto entre yerbas silvestres,
Serpenteando por las faldas de un semiárido cerro,
Que florece solo con las lágrimas de sus sufrimientos.

Guarda una vida de recuerdos,
Hay motivos para evocar inmensas dichas…
Pero él persevera en volver al caminito,
Para acompañar a su desventurada madre,
Tratando de reanimarla con nuevos argumentos:

- Ya no llores mamita,
- Como mortales teníamos las de perder,
- A la Beba ya no le alcanzará ningún mal,
- En realidad, nada hemos perdido…
  Si hemos ganado un ángel en el cielo, etc., etc.

Pero no hay argumentos suficientes,
Para consolar a su desventurada madre,

Que reitera sus lamentos:

- Esos insectos de tornasoles ojos,
- De transparentes alas,
- De negros velos en el cuerpo,
- Es su alma que nos ruega:
  ¡No me abandonen!

- Es por eso que nos ha seguido...
  Desde que pasamos por el cementerio.

Él trata de reanimarla inútilmente:

- Pero no podemos detenernos madre,
- Ya emprendimos la marcha sin retorno,
- Por estos senderos...
  Que no sabemos dónde nos llevarán,
  Ni dónde acabarán.

- ¿Tal vez en la pupila de nuestros ojos...
  Cuando nuevamente brote agua de este manantial,
  Que aún no ha cerrado sus heridas?

48 <u>DEMONIOS EN HIELO</u>

Suena el teléfono:
- ¡Halo!
- ¿Quién habla?

El ronroneo de un carro a lo lejos,
El leve piar de un pajarillo...

En alguna jaula o en el jardín,
El suave tableteo de una puerta,
Al otro lado de la línea...
- ¿Quién es?
No hay ninguna respuesta.

Se muerde los labios,
Para no pronunciar la palabra,
Que rompa la barrera del silencio,
El nombre que, al otro lado de la línea,
Espera un corazón agazapado...
- Si no va a decir nada, tengo que colgar.
- ¡Clic!

La tensión llega a su clímax,
Reyna la ansiedad,
Con habilidad de malabar
Borra el número de la memoria.
- Cariño,
- ¿quién es?...
- Número equivocado.

¿Qué nombre toman los demonios...
Que están en el cerebro?
¿Por qué acechan los torcidos deseos...
De la oscuridad?
¿Dónde se puede atar el corazón...
Para siempre?
Todas las dudas se agolpan en la mente.

Libélulas volubles,
Insensibles a los sentimientos...
Libidinosos caracoles,

Trasgresores de promesas eternas...
Cínicas cigarras,
Censoras escupiendo al cielo...
¡Bajen la temperatura!, ¡tomen hielo!

49 <u>CREPÚSCULO</u>

El otoño ha tocado la puerta de mi casa,
Y yo que la he visto pasar tantas veces...
Nunca la sentí tan propia como ahora.

Que tierno solemos decir:
Mis pensamientos vagan errantes,
Cual hojas sueltas al otoño vendaval.

Ahora que está en el umbral de mi casa...
Lo que se llevará es mi vida entera,
Y lo que queda de mis sueños.

O tal vez, como un acto de benevolencia,
Me premie con grilletes a los pies,
Cual raíces que me lleven a la nada.

Y como consuelo a mi condición vegetal,
Vendrán las avecillas a mis ramas a posar,
Para cantarme al oído:
La melodía sin nombre de mi madre,
Y el eco desconocido de la naturaleza salvaje.

Me hablarán de las figurillas de barro,
De las tuercas, pernos y tornillos,
Juguetes de mi infancia...

Me recordarán las escondidas pubertades,
Con la chica que me gustaba en el barrio,

Me recordarán las tragedias juveniles,
Los festejos familiares en la playa,
La llegada de nueva vida a casa,
El cultivo de nuevas personalidades,
Y el vuelo libre de esa generación.

Y mientras ese coro cante,
Mis nietos se subirán a mis ramas,
Me deshojarán por completo...
Con sonrisas animarán a mi corazón,
Y querrán que llegue hasta la primavera.

Pero sé que antes del crepúsculo,
Tendré hambre por la mañana, por la tarde,
Por la noche y hasta en la madrugada...
Porque los ancianos lo olvidan todo,
Incluso el bocado que acaban de recibir.

Y sé que sin poder valerme por mi mismo:
Todos los recuerdos se esfumarán,
Se recortarán, se deformarán,
Se mezclarán con la realidad,
Y después de todo eso... ¡NADA!

Por eso a veces pienso:
¡Señor, aparta de mí este cáliz!
Aunque sé, que la suerte está echada///

¡Plop!
Despierta... tranquilo,

Todo está bien... no pasa nada.

50 EL HOMBRE DE LA NIEBLA

Su porte erguido,
Sus respuestas pausadas,
Sus sonoras carcajadas,
Su mirada penetrante,
Dando la impresión de reflejar,
La encrucijada de la Isla del Gallo...
¿Hasta cuándo durará?

Por siempre en nuestra mente
Claro está.

Pero ahora...
La niebla del tiempo
Le alcanza inexorablemente,
Desdibujando su silueta
Y por momentos queda:
Enraizado a una cama,
Postrado en un sofá...
Rodando en una silla.

Y en ese trance,
¿A su lado quiénes van?

Cuando desfallece,
Hay tres mujeres:
Una a cada brazo,
Y otra que le sigue los pasos...

Con paciencia de Job,
Listo el botiquín,
Cargando las maletas.

Y los demás parientes...
Los hijos hombres ¿dónde están?

Impacientes por vivir...
En cuanto tuvieron alas,
Volaron siguiendo sus sueños:

- Uno a la última cruzada,
- Otro a luchar con molinos de viento,

Y el ultimo...

- ¿En qué aventura andará?

Caballeros de nuevo cuño...
No digan que no escucharon:

El tiempo tirano,
¿Les dará la oportunidad,
De alcanzar al hombre...
Que va por la bruma?
¿Podrán aliviarle de su cruz?
¿Llegarán hasta su última morada?

...¡Estamos advertidos!

51 EL REDIL

"Papa abuelo" vamos de paseo,
En tu carrito run run es mi deseo,

La abuela te dirá no arrastres el talón,
¡Di que sí!, abuelito dormilón.

Tus sienes plateadas,
Tus cejas cansadas,
Pero fresca la mirada,
Nos alienta la alborada.

El trecho al parque es corto,
En el auto veras como me porto,
Pero al pisar tierra firme,
Todos tendrán que seguirme.

Es día de primavera,
Moveremos la cadera,
Tal vez tropecemos,
Entonces reiremos.

Acuérdate de tus días,
Iguales a nuestras alegrías...
Aunque tus pasos sean lentos,
Jugaremos muy contentos.

Tú nos dirás con severo perfil,
De mi vista no se alejen;
Nosotros somos tu redil,
Tus suaves lazos nos protegen.

Cansados volveremos a casa,
Con chocolates en taza,
Nos recibirá la abuela...
Y la fiesta seguirá con ella.

52 IDOLO DE BARRO

Señor que estás en los cielos,
Tú que resucitaste…
Escucha nuestra voz:

Nosotros cargamos la cruz,
La que se quedó en la tierra,
Y lo hacemos con resignación.

Pero nuestros ojos,
Se llenar de horror,
Por lo que pasa alrededor.

Los hombres han erigido…
Ídolos de barro,
Que se alimentan de llanto.

Ídolos que se jactan de sus triunfos,
Y que han modulado la voz,
Para hacernos creer que son corderos.

Pero han transformado la porra,
La daga, la espada, el arcabuz,
En armas más atroces.

Hoy mis semejantes tienen que escoger:
Entre el hambre o las operadoras de riesgo,
Que los desaparecerá en segundos.

Estos ídolos pretenden,
Que nos postremos de rodillas,
Y que todos los días sean de fiesta.

Para eso tienen sus cortesanos
Todos aferrados, agazapados,
Nutriéndose de él.

Ellos pretenden hacernos creer,
Que sus productos son necesarios,
En una sociedad de consumo.

En un mercado global,
Donde el dinero es el fin supremo:
¡El Ídolo!, al que hay que rendir culto.

Este engendro tiene muchos rostros,
Pero generalmente se viste de plástico,
O adopta la forma digital.

Pero lo que no cambia nunca:
Es la soga en nuestro cuello,
Que él la tiene bien asegurada…

Riendo… ¡para siempre!

53 VENCEREMOS

Algunas veces…
La dura y fría hora de partir,
No tiene horario,
Ni le alcanza la fatiga.

Otras veces anunciada como el otoño,
Se hace inevitable en el desprendimiento,
De las hojas amarillas…

Del árbol de la humanidad.

Al perder a un ser amado,
Nos embarga la incertidumbre
Y nada nos consuela,
¡No!

Aunque nos quede su memoria...
Aquella que compartimos,
Con alegrías, tristezas, dolor...
O con las horas vacías.

Más, de rodillas ante esta loza fría,
Debemos aferrarnos a la promesa...
Aquella...la de “la vida eterna”,
Para volvernos a encontrar.

O compartir en este mismo instante,
El aliento de vida espiritual...
La certeza de ocupar un lugar,
Un espacio común en el infinito.

Ya no está con nosotros,
¡Es cierto!...
Pero lo más probable es,
Que, en paz, cerca al creador esté.

Mientras tanto,
No permitamos que la muerte ría.
Que no nos coja desarmados...
¡De pie!

Vamos a ponernos en vereda,
Retomando la marcha...
Cumpliendo el rol de luchar y vivir,
Hasta las últimas consecuencias.

54 ¡LA POSTA!

Al final del largo recorrido por la vida,
Al momento de entregar la posta...
¿Cuál sería la reflexión?

Nos hemos esforzado con éxito,
En atizar el fuego del hogar...
Y hemos olvidado mirar a las estrellas.

Allí donde están los altos ideales,
Los que sirven de guía a la humanidad...
Esperando que levantemos la vista.

Estamos perdidos en un círculo vicioso,
De pugnas entre derechas e izquierdas,
Que no nos ha servido de nada.

Ya que los ricos hacen comunismo entre ellos,
Los comunistas hacen capitalismo a escondidas...
Y los demás, ni siquiera saben lo que hacen.

No hay nacionalismo, ni mercado global,
Solo un mundo lleno de parches y taras
Que va destruyendo el paraíso.

Muchos los que sostienen con una mano la bandera,
Y con la otra estiran la mano al mejor postor,
Sin importarles el símbolo, los medios, ni el fin.

Otros que se desgarran las vestiduras,
Levantando altares a todo lo que les deslumbra,
Devaluando hasta lo ínfimo el concepto de lo divino.

Olvidando la esencia de un solo Dios verdadero,
Con rostro humano y de tierno corazón,
En quien se refleja el mundo entero.

Siguen vigentes las discriminaciones,
La indiferencia frente al dolor,
Y el cinismo en el uso del poder.

Y aún estamos en la cuerda floja,
En la que luchan la libertad y el orden,
Para no caer en el abismo.

En realidad, la lista es muy grande,
Y es un enorme reto y desafío...
Para las nuevas generaciones.

Las que, con nuevas perspectivas,
Con renovado ímpetu y nuevas herramientas...
Deberán edificar un mundo mejor.

55 ENGRANAJES

Peregrino del campo a la ciudad...
De niño disfrutó de los pregones,

Que hablaban de la belleza de la ciudad,
Hasta que fue devorado por ella.

Nadie supo de su suerte hasta ahora,
Que va condenado a las sombras,
Luego de un día de trabajo en las cavernas,
Que no le permiten ver la luz del día.

Arrinconado por exiguos ingresos,
Vuelve a casa en largas caminatas,
Compartiendo por momentos callejuelas,
De tétricos y siniestros escenarios.

Donde féminas de fingidas alegrías,
Mastican lisuras y escupen agravios,
A los que no les hacen caso,
En sus carnales ofertas.

Él tiene el perfil de grandes señores,
A los que el poder envilece...
Y despectivo, arrogante e imperativo,
Olvida las prerrogativas perdidas.

Con las arcas familiares quebradas,
Inevitablemente ha sido confinado,
A un puesto sin mayores galardones,
Cumpliendo la función de vigilante.

Este hombre y aquellas mujeres,
Cansados de luchar contra el destino,
Se han convertido en el producto...
En el engranaje mismo de la ciudad.

Una maquinaria que induce a hermanos,
La obligación exacerbada de competir,
En condiciones y niveles infrahumanos...

Olvidando las bondades de saber compartir.

56 LADRILLO ROTO

¡Gloria a Dios en las alturas!...
Es bueno que se edifique,
Lugares donde honrarte Señor,
Y hallé muchos de ellos en el camino.

Desde niño he bebido de sus fuentes,
Los he visto convertirse en fortalezas,
Pero con diversos nombres al frente...
Desde donde se agredían entre sí.

Eso me alejó de los lugares,
Donde hablaban en tu nombre...
Y anduve escuchando voces extrañas,
Que me decían entre otras cosas:

- Los mercaderes no se conformaron,
  Con las puertas del templo.
- No son Dios las edificaciones humanas,
- El diablo anda de predicador, etc.

¡Ayúdame Señor!

Yo no elegí mi destino,
Y por hacer uso de la razón,
Ya sé que estoy afuera...
Pero desde aquí te ruego:

Cúbreme con tu manto,
No me niegues tu presencia,

Envíame tus palabras,
Dame tu paz…

¡Sálvame mi Dios!

57 <u>ES OBVIO</u>:

Sale el sol con su luz,
Todos los días.

Las semillas germinan, se enraízan,
Y salen de su encierro.

La briza imperceptible nos rodea,
Nos arrulla prolongando nuestras vidas.

El eco de las voces en la ciudad
Cantan, ríen, lloran o gimen.

Y tal vez solo saliva…
Recorre por la garganta.

Pero todo, todo, todo,
Sin ninguna explicación…

Hoy no te sumerjas en tu interior,
Ni te lances al espacio infinito.

Sin ninguna explicación…
Toma mis manos, ¡entre las tuyas!

58 EL MOMENTO EXACTO

Cuando no pasa nada,
Es el momento exacto:
Para estar alerta,
Y enfrentar los fantasmas
Ocultos en la oscuridad.

Cuando no pasa nada,
Es el momento exacto:
Para decantar el agua del aceite,
Definir lo hábitos constructivos,
Y desechar las rutinas corrosivas.

Cuando no pasa nada,
Es el momento exacto:
Para sacudirse del letargo,
Romper la inercia, la inmovilidad…
Y rescatar las tareas postergadas.

Cuando no pasa nada,
Es el momento exacto:
Para abandonar la tumba,
Rescatar el espíritu…
Y limpiarse las lagañas.

Cuando no pasa nada,
Es el momento exacto:
Para buscar la luz,
Germinar la vida…
Y parir el universo.

Cuando no pasa nada,
Es el momento exacto:
Para acortar las distancias…
Anda, dime que ¿Si?
Y luego… ¡nos echamos a parlar!

59 PALIMPSESTO (*)

Las igualdades liricas emocionan…
Mas, los tropiezos, caídas y rodadas,
Nos arrojan al rostro pluralidad.

Para validar a las personas superiores,
Codearnos con las masas semejantes,
Y solidarizarnos con los desvalidos.

Sin competir con los pares con mezquindad,
Ni desconocer, retacear, los honores ajenos…
Aceptando nuestras particularidades con equidad.

Porque el que no está satisfecho consigo mismo,
Querrá tomar injustamente lo ajeno, y/o…
Se sentirá con derecho de arrojar a otros al abismo.

El vandálico descontento está al acecho,
Poner alarmas o guardia a toda la casa…
No nos salvará del insatisfecho.

Mejor es rescatar al sublevado,
Enseñarles las virtudes, el arte, la ciencia,
Hasta que tome su dosis de conciencia.

Es hora de las reflexiones...
Todos encaminados en buenas acciones,
Evitando las rejas, el manicomio, como lecciones.

Que alguien escuche y lo diga mejor,
Que este pobre papel ya no da con...
Tantas enmiendas, raspadas y borrador. (*)

60 TROGLODITAS

Es válido no creer en nada,
Como tener certezas divinas...
O mantener las dudas,
Somos células con raciocinio.

Aun siendo indiferentes, legos,
Encapsulados en nuestros egos,
Ya tomamos posición...
A favor de alguna opción.

Y dentro de esta multitud diversa,
Existe una ineludible semejanza,
Cadenas, lazos de identidad,
Apuntalando nuestra humanidad.

Vinculados a un mismo entorno,
En la inmensidad del cosmos,
En dirección exterior o interior...
Del universo que nos cobija.

Desde la primera luz de pensamiento,
Cuestionándonos siempre,

Para cambiar, evolucionar...
A favor de una persona mejor.

Pero a veces nos flagelamos,
O lastimamos a nuestros semejantes...
¿Cuál es el punto de la discordia?:
¡Creemos ser dueños de la verdad!

Tratando de imponer por la fuerza,
Aquello que solo entra por la razón,
A lo recóndito de la conciencia,
Como condición de supervivencia.

Todo lo queremos acaparar,
De manera improvisada...
Cuando la savia naturaleza,
Nos dio dotes de planificar.

No estamos tan expuestos,
Al vaivén de las olas,
Ni a merced de los vientos,
Como otros seres inferiores.

Al amparo de un credo superior,
O al compás de nuestro corazón,
Podemos dar forma a nuestras vidas...
Y construir un mundo mejor.

Si todo esto ya sabemos,
¿Por qué tanta recaída,
A nuestros orígenes ancestrales...
De caminar en cuatro patas?

61 ISTAISMO

Varones, machos... ¡qué bien!,
Mujeres, bien mujeres... ¡ok!,
¡Bienvenido!... orgullo gay,
Otras manifestaciones ¡también!

La violencia tiene mil caras,
Cuando su origen es el poder...
Poder mal utilizado... ¡joder!,
¿Parcialismo con máscaras?

No es cuestión de género:
Den el poder del látigo al ego,
Apostemos al primero,
Que pone la mano al fuego.

En cualquier mente la crueldad,
Está al acecho permanente...
Es ese algo remanente,
Del lado de la oscuridad.

Ese marcado "ista", "ismo",
Parece un revanchismo,
Alejado de la bondad...
Necesaria a la humanidad.

No aticemos la ira...
No provoquemos a ver,
Quien la primera piedra tira...
Todo es posible de resolver.

En torno a una fogata,
Antes que naciera la perorata,
Con señas el hombre toma...
La razón... que a la fiera doma.

Con tanto avance de la ciencia,
No llegamos a la conciencia,
Si hubo concilio en las cavernas...
¿No hay la misma sangre en nuestras venas?

62 EL ESPÍRITU A LA VISTA

Tenue soplo de vida,
Un capullo que germina,
El sueño que va de ida...
Hacia la luz divina.

La misión es crecer,
Aprender y merecer...
El amor, el conocimiento,
Y volcarlo en rendimiento.

Para luego entregar...
Sin demora ni mezquindad,
Toda nuestra heredad,
Al seno de nuestro hogar.

Cada tiempo tiene su afán.
Aciertos y desaciertos,
De legos e ilustrados...
Cincelando el mundo van.

Hasta que, un día una voz,
Nos llama con mucha calma…
Se acabó tu misión atroz,
Es hora de entregar tu alma.

Son las palabras del Pastor,
Esa que esperamos con paciencia…
Para volver a la fuente de la existencia,
Y a los brazos del redentor.

No es la vida que se estanca…
Ni piedra negra sobre piedra blanca,
No es un acto materialista…
Es el espíritu que salta a la vista.

¡Oh! multitud dolida!
Hombres de poca fe,
Busquen donde Él esté…
¿Ven?, no es una despedida.

63 LA FUERZA DE LA RAZÓN

El mundo es muy grande
Y en él caben todas las ideas,
Pero ninguna muerte…
En nombre de cualquiera de ellas.

Los poderosos se equivocan
Al combatir el fuego con el fuego,
El asunto es neutralizar…
Los motivos con razones.

La lid debe ser idea con idea,
En el terreno de la conciencia,
Donde valen los argumentos,
Para que brote la verdad.

Si no se demuestra
El error en los conceptos,
Si no se convence…
Toda victoria será pasajera.

Frente a estos argumentos
Que caen en saco roto,
Qué ganas de gritar…
Junto a las víctimas inocentes:

¡Hey!...¡Soldados de todos los bandos!
¿No pueden mandar a la “M#>r_+”
A los “Mal#+>s” “estadistas y/o lideres”
Que les envían a los combates?

Estamos en el escenario
De muchas guerras consecutivas,
Crónicas y persistentes…
Las mismas guerras de siempre.

Abandonen las armas,
Abracen a sus contrincantes,
Y marchen cada uno…
A su propio hogar.

64 DEMENCIA ENCUBIERTA

En las agresiones a las mujeres,
Como en otros casos de violencia,
Hay sentimientos de impotencia,
Clamores que no se escuchan,
Voces desde las tinieblas,
Gimiendo con desesperanza:

Las opciones policiales,
Son solo placebos…
Las conciliaciones,
Calmantes pasajeros…
Las terapias sensibilizadoras,
Parches que tapan el problema.

En todas partes se lucha,
Apelando a la conciencia,
Educando los instintos…
Pero el mal se nos escapa
Como agua entre las manos,
Como viento entre las redes.

Tendremos que concluir:
Que estos seres inhumanos,
Que no deben llamarse hombres,
No pueden andar libres…
Si están mal de las “neuronas”,
“No es” asunto de conciencia.

Nada de contemplaciones,
Si los síntomas son evidentes,
De algún maltratador…
Antes de que se produzca,
Algún mal mayor…
De frente al sanatorio.

65 EXTREMOS ALIADOS

El tiempo no les ha perdonado...
Han reconocido sus carencias,
Han perdido su vigencia,
Ha cedido su vigor.

Viejos contrincantes,
Van por distintos caminos,
Materialismo y espiritualismo...
Pero cada vez menos distantes.

La ciencia ha demostrado,
Nuestras limitaciones,
Pues no lo percibimos todo...
Hay algo más allá de los sentidos

Y mientras no exista la certeza,
De poder comprenderlo todo,
Podemos tener fe en lo divino,
Sin remordimiento de conciencia.

Mientras tanto,
La iglesia reflexiva...
Ha bajado a Dios desde los cielos,
Y lo ha puesto entre nosotros.

Solo falta que los venerados bajen,
De sus altos y profanos altares,
Para confundirse con la multitud,
Dando gracias a Dios con gratitud.

A la hora de los lamentos,
El materialismo puro,
No nos dará consuelo,
Solo la fe nos aliviará del duelo.

Ya cayó el muro,
Entre espiritualismo y materialismo,
Frente a bárbaras amenazas,
Primero es salvar al mundo.

Pues hay depredadores,
Que no toman en cuenta,
Nuestra credulidad...
Duda o incredulidad.

Nuestro espiritualismo, o no,
Les tiene sin cuidado...
Siempre que les resultemos:
Un festín, e incluso, un magro bocado.

66 AL BORDE DEL ASFALTO

La complicidad de vivir,
El pan de cada día,
La cruz de cada hora,
La sorpresa del minuto,
La agitación del segundo...
Es lo que nos vincula.

No hay tanto Caín,
Para cada hermano...
Ni tanta daga,

Para el camarada…
El temor está reservado:
Para el desconocido.

No cerremos los ojos,
A nuestros semejantes…
No usemos de alimento,
A nuestras mascotas…
No lapidemos,
A los desconocidos.

No hagamos distancia,
Con nuestros vecinos…
Ni crucemos de vereda,
Frente a los mendigos…
Busquemos la razón,
De nuestros enemigos.

Nuestros héroes,
Están bañados en sangre…
Las armas del pasado y del presente,
En el futuro deben ser descartados…
Lo que nos diferencia de las bestias,
Es el uso de la “razón”, como herramienta.

67 2° DOMINGO DE MAYO

Flor hermosa y perfumada,
De tus azahares despojada,
Para cobijar en tu burbuja,
Una silueta que dibuja,
La semilla bien amada.

Flor espléndida de mayo,
Que todo dejas de soslayo,
Y cobijas sin desmayo,
Para que calor encuentre,
El fruto de tu vientre.

Flor de apariencia vegetal,
Que blandes tu alma de metal,
Para batirte por tu prole…
Y sacas tu brío de general,
Para que ninguno se descontrole.

Flor marchita, la primera…
Que, en umbral de tus días,
Hasta lo que no tienes darías,
Para asegurarle nueva era,
A tus semillas en primavera.

No me pidas la razón,
De tenerte flor eterna,
De inmaculada concepción,
Con tu mirada materna…
Dentro de mi corazón.

68 LOBO SOLITARIO

Hay informes claros, ciertos…
Ya no se aprecian los bosques,
Ni amplios llanos o desiertos…
Solo miradas, ojos abiertos,
De zombis, a pantallas dando toques.

Todo en una selva de cemento,
Con cristales, contaminación y lamento.

Y alejados de la multitud,
Atrincherados y en quietud,
Existen algunos desplazados,
Que viven renegados,
Y hartos de la sociedad.

Pero sin ninguna piedad,
Dando a su ego prioridad.

Como este lobo solitario,
Que no tiene manada,
A quien pido ser solidario,
Que está en medio de la nada,
Relegado a la oscuridad.

Le digo: se trata de lealtad,
No, de perder la libertad.

Sagaz depredador,
O torvo cazador,
En estas eras perdidas,
Solitario francotirador,
O arisco ermitaño.

Únete al rebaño...
Y no juegues a las escondidas.

La unión hace la fuerza,
Y no, la acción dispersa...
Podemos obtener con certeza,

Todo lo que nos propongamos,
Y como hermanos quedamos.

Habrá mucho calor de hogar,
Y al final, una sonrisa a todo dar.

(Phisssth, sonríe... muestra los colmillos)

69 PLUMA EN RISTRE

En casa de este servidor,
No encontrarán riqueza,
Tan solo la franqueza,
De un pobre soñador...
Que persevera con fervor.

Como será de pobre,
Que, en su bolsillo,
No hay ni un cobre,
Y en su cartera de pillo,
Notas de papel amarillo.

Escribir con la pluma trata,
Los ideales de justicia, equidad,
Pero acecha de todos lados la maldad,
Queriendo ocultar con impunidad,
Lo que el vil, al justo arrebata.

Un día la vida le forzó la anuencia,
De jurar no usar como medio la violencia,
Agregando con perfidia e insistencia,
Que su lugar estaba en el sepulcro,

Pretendiendo quitarle el tintero pulcro.

Pero se arrebata y con voz osada,
¡Al diablo manda la rima forzada!
Gritando: Libertad, igualdad, fraternidad,
Lanza el mensaje a la eternidad,
Con la espalda descamisada.

Ahora con la pluma en ristre,
Como espada la palabra,
Como medio la red,
Expondrá la justicia de su causa...
Juzgue usted.

70 DIA DEL TRABAJO

En este día para festejar...
No me ilumina ninguna luz especial,
No hay vino, oro, banda, ni laurel...
Solo ganas de unirme a trabajar,
Para despejar el inicuo erial,
Del primero de mayo aquel.

Beso las herramientas,
Que, por impulso neuronal,
Transformaron ideas y material,
Con dones únicos del ser humano,
De plasmar en los hechos,
Lo que el cerebro imagina.

Aquellas que construyen,
Portentos para los dioses,
O para una humilde morada...
Ambos con fuego sagrado,
Para conservar la vida, o...
Lanzar el espíritu al espacio.

Beso la frente, las manos,
Y hasta los pies...
Que laboran por el bien...
Esas ajadas pieles,
Esos callos físicos y mentales,
Que rompieron la inercia humana.

Aquellas mentes y voluntades,
Que no se conformaron con vegetar,
Como lo hacen los humildes seres,
Que languidecen sin imaginación...
Que solo buscan la satisfacción,
De sus necesidades primarias.

Pero mi beso, especialmente hoy,
Es para aquellos mártires fuera de serie,
Que ofrendaron el fruto más preciado:
Sus sueños y sus propias vidas,
Para dignificar el trabajo ruin...
Que viles imponen a sus hermanos.

71 ESTACIÓN PERDIDA

Encontré cien pies, mil pies...
Cadenas de pies,

De suelas desolladas,
De miradas quebradas,
De mochilas desgastadas,
Uniformes de mil batallas rescatadas,
Y mil batallas perdidas a sus espaldas.

Podría eludir el Gólgota,
Cruzarme de vereda,
Pero están aquí…
Tocando mis costillas,
Y no me piden nada,
Porque lo tienen todo…
O todo lo han perdido.

Son cientos de hombres,
A pleno día, con resignación,
De caminos apretados,
De impaciencias perdidas,
De memorias abandonadas,
Por quienes ellos querían…
Y ahora no los quieren nada.

Problema de género parece,
Pues no hay ninguna dama…
Y las pocas que vienen,
Como debe ser:
Tienen preferencia…
Entonces el pecado es:
El haber nacido hombres.

Son sujetos de miradas taciturnas,
De memorias entrelazadas:
Entre la realidad, el olvido o la locura…

Hombres vencidos por el tiempo,
Personas que perdieron la salud,
O no tuvieron ninguna posibilidad,
De tener opciones en sus genes.

Los que debieron doblar las esquinas,
Para evitar la corona de espinas…
Seres que debieron ser socorridos,
De sus trajes de vida escurridos,
Y no esperar la benevolencia,
De inalcanzables colas…
De un menú de la Beneficencia.

72 ICEBERG O ARRECIFE

Por el solo hecho de ser personas…
Porque los hombres –varones-,
Estamos ineludiblemente ligados,
A las mujeres:

- Por nuestras madres,
- Por nuestras hijas,
- Por nuestros parientes,
- Por nuestros semejantes…

Es preciso alzar la voz:

En las agresiones de género,
El sujeto de este sentimiento nocivo,
Ama, amó o codició alguna vez,
A la prenda que se le escapa…
O que no admite sus dictaduras.

De ellas, no acepta el libre albedrio,
Ni la libre determinación de sus vidas,
Como principios de convivencia.

Si los esfuerzos no empiezan:
Por reconocer, desarmar, el andamiaje,
En el que se sustenta esta insania...
Tal vez los esfuerzos sean vanos,
Como pregones en el desierto.

El diagnóstico, la cura, necesariamente,
Pasa por las manos de los especialistas,
Del alma y de las neuronas.

Todo el océano no está bajo sospecha...
Pero nadie puede ser indiferente,
Ante los más mínimos signos...
De ese iceberg o arrecife traicionero,
Todos alertas y comprometidos.

Nunca más... ¡Ni una menos!

73 DANDO TALLA

Días de sol en las praderas,
Noches de nebulosa en la ciudad,
En el monedero escasas las monedas.

Todos tenemos alguna labor,
Vivir no nos sale gratis...
El salario se gana con sudor.

Ir de la mano no está mal,
Prestos a la escuela, al taller,
Sea invierno o época estival.

A veces esto llega a abrumar,
Y un día cualquiera...
Todo va camino al mar.

Pues camarón que se duerme,
Se lo lleva la corriente...
O a una olla va a parar.

El hogar, el trabajo, el ideal...
Son tareas de largo aliento,
Es preciso calibrar el dial.

La vida es constante batalla,
No se puede perder la guerra,
A todo hay que darle talla.

Pero, si Adán y Eva salen del Edén,
Y debíamos ser Adán o Eva...
¡Es que, todo está mal!

De nada vale los lamentos,
Si alguien ocupa nuestro lugar,
Por haberlo descuidado.

La táctica... mi hermano,
Es ir amarraditos y ganar...
¡Por puesta de mano!

74 DE FUEGO Y DE AROMA

¡Qué rayos pasa aquí?
Si el sol sale para todos...
¿Por qué las sombras enmarañadas,
Tejiéndose en torno a ti?
¿Es la noche, de todos modos?

Si un personaje de mansa tez,
De maniobrar oscuro y sin sensatez,
Al tenebroso y encrespado mar,
Te manda a llorar...
¡No le hagas caso!

Es, con toda seguridad:
Algún mercader que trama,
Cosechar las perlas cultivadas,
Que, en el fondo de tu alma,
Siembran tus lágrimas rodadas.

Encima, esa nube negra,
Amenazando tempestad...
Pero, en hora buena,
Si es la cargada de harta agua,
Para canalizarlo en tus mejillas.

Aguas cristalinas,
Que germinen las semillas,
Que la rieguen día a día,
Hasta hacerlas producir,
Frutos de fuego y de aroma,

Agua que florezca tu jardín,
Donde un sencillo ser humano,
De fuertes sentimientos y tierno corazón,
Te ofrezca su mano para acompañarte...
¡Más allá de la eternidad!

75 MIRA LAS ESTRELLAS

Si estás cubierto de fango,
Busca un arroyo claro,
No lo enturbies con tu mugre,
Ni te distraigas con el fondo,
Busca el punto exacto del reflejo,
Donde muestre a las estrellas.

Si te abruma los desperdicios,
No le hagas caso al que te dice:
La razón está por los suelos...
Para tenerte agachado,
Como a los cerditos,
A los que ha domesticado.

La respuesta a todos los problemas,
Se halla en tu interior...
Si no la encuentras allí,
Recuerda la luz en el arroyo,
Levanta la mirada,
Como lo hicieron en las leyendas.

Desde Egipto con los Faraones,
Para encontrarse con sus Dioses...
O los misteriosos Mayas,

Para construir sus calendarios…
Hasta el imperio de los Incas,
Para invocar por sus hermanos.

Todas las civilizaciones buscaron,
Las respuestas en las estrellas:
Un tiempo para sembrar,
Otro para cosechar,
Para construir sus andenes…
O entregarse a los placeres.

Esta acuarela es para mi nietecito,
El mimado… Lucianito,
Que anda agachadito en la consola,
Esperando que una ola,
Le resuelva los problemas,
¡Y no levanta las antenas!

76 LUCKY

No me regales poemas complejos,
No los traigas desde lejos.

Dame esos sencillos,
Los de tus bolsillos.

Como el prisma de la mañana,
Cuando Dios despierta.

O el primer sorbo compartido,
De tu desayuno.

Como el humo de tu coronilla,
Cuando dominas tu ira.

O el tarareo incomprensible,
De alguna canción de moda.

Explícame tu versatilidad,
Para hacer mil cosas a la vez.

Tu indignación sincera,
Por las injusticias.

La tolerancia de los problemas,
Sobre tus espaldas.

Tu mirada amable,
Desde el otro extremo de la sala.

La gentileza del asiento delantero,
De tu coche.

Muchos etcéteras…
Para abreviar las cosas.

Compárteme tus noticias,
Entrégame tus fatigas.

Compréndeme…
Y, sobre todo:

Dedícame una línea…
En tu desgastado block de notas.

77 RUIN PIEDRA

Es verdad:
No te ha llamado,
Reina el silencio…
El impulso de los sentidos,
Ha terminado.

Y la desnuda piedra se revela,
Con su insensible superficie,
Con su dureza interior,
Con su inmovilidad sideral,
Perdurando en el tiempo.

El llanto con que esculpiste,
Su quebrantable faz,
Su diestra y siniestra,
De los pies a la cabeza…
De nada ha servido.

La forma que le diste,
Con delicadeza pura,
Con perseverante firmeza…
Puede impresionar a los demás,
Pero no, a sí misma.

Ahora, un abismo les separa,
Ya no hay sierpe de plata,
Al fondo de la quebrada,
Ni reflejo…
De la piedra adorada.

Huérfana de pasiones,
Cual oruga agotada,
Cúbrete en el capullo,
De tus sentimientos,
En el manto de tu noche.

Reflexiona…
Renueva fuerzas,
Para un día desplegar tus alas,
En busca de la flor perfumada
Sensible y recíproca a tus afectos.

Otra cosa…
Cuando empieces a volar,
Hazlo sin detenerte en ningún lugar,
Por más seductora que sientas,
A la ruin, y desdeñosa ¡piedra!

78 ¡HEA NIÑO!

Para unos la vida es el espacio infinito, volar,
Para otros su mundo interior, meditar.

Unos romperán las barreras, lograrán la línea cruzar,
Otros hasta donde su propia savia les permita deslizar,

Muchos cumplirán su rol de trotamundos,
Otros felices en sus micro-mundos.

Cada uno tiene su propio afán,
Y a ninguno le falta el pan.

Unos se decidirán por el azar, por la naturaleza,
Otros preferirán la seguridad, la certeza.

Unos se aventurarán al océano, al caudal del rio,
Otros se aferrarán a una hoja con rocío.

Unos lucharán por un ideal, cruzarán el mar,
Otros preferirán la enseñanza, el educar.

¡Hea niño!
¿Qué serás de grande?
- No lo sé...
  Tal vez un pillo,
  Que todo lo enrede al hablar.

79 EDUCACIÓN INICIAL

Escarcha y brillantina,
Nos anima una golondrina.

Cartulina, colores y goma,
El sol está sobre la loma.

Aroma de flores en el jardín,
El más listo es el chiquitín.

Todos felices hacemos un coro,
Y desde el cielo caen serpentinas de oro.

Las cosas nos salen como jugando,
Y en trencito vamos caminando.

Una estrella por hacer las cosas bien,
Para los profesores también.

Y así realizamos el sueño ideal,
De nuestra educación inicial.

80 LIMA

Vieja ciudad en penitencia…
La niebla persistente de tu cielo,
Le resta belleza, brillo,
A la perla de tus nuevos edificios,
A tus rejas y balcones,
A tus viandas y sahumerios,
Y a la mixtura de tu gente.

Te lavan el rostro,
Le hacen baipás a tu corazón,
Renuevan tus calles remendadas,
Ponen escaleras a la falda de tus cerros,
Sacan brillo a tu cruz,
Te hacen mil promesas,
Y juran que te adoran.

Pero sigues prisionera…
De tus arenales a diestra y siniestra,
De tu respaldo en la cordillera,
De tus pies en el mar Pacífico,
De tus tradiciones,
De tu cinturón de miseria,
De tu hambre, miedo, sudor y llanto.

La bruma de tu cielo,
Te tiene confundida...
Hay sombra en tus ideas, tu color e identidad,
Pero vienen a ti de todos los confines,
Con múltiples expectativas...
Y les recibe la exaltación de lo vano,
De tu insensible burocracia.

A ratos tímida,
Asediada por el delito...
En otros momentos arrogante,
Derrochando lisura...
Caprichosa casi siempre,
Mecida por el rumor,
Propensa al desplante.

Sin embargo...
¿Qué misterio luces?
¿Qué encanto escondes?
¡Que todos dicen que seduces!
¿A qué se debe tanto amor?
¿A qué tanto amante?
¡Me tienes loco de remate!

81 CARIÑO MALO

Lima de carita sucia,
De lunas y cristales...
No escondas con astucia,
Tus sonrisas primaverales,
Para el viajero forastero...
Que yo también te quiero.

Si estoy por Paruro,
Me pellizcas, me das duro...
Si voy por Gamarra,
Carga todo y agarra...
Si quiero ir a Miraflores,
¡Nada!, ni así llores.

Me llevas a puro cocacho,
Hasta la Plaza de Acho...
Y para ahorrar pasaje,
El San Cristóbal como paisaje...
Y pierdo toda esperanza,
Si la amenaza es el Hospital Loayza.

Lima superflua, pretenciosa,
Si te pido una suite en el Westin,
Unos platos en Astrid y Gastón...
Me pegas un plantón,
Y me privas del festín,
Con una mueca graciosa.

Solo falta ir a La Paradita,
Comer tallarines con chanfainita,
Vivir en choza de campamento,
Les juro, no les miento...
¿Cuál será mi laya...
Para llorar en la playa?

82 <u>CHABUCA</u>

Mi corazón está malherido,
Por la ausencia de mi dueña,
Mientras una multitud sueña,
Con otra dama que ha partido.

Ella es la dama de la nación,
Toca, baila y canta a su tierra,
Melodías de su inspiración…
Desde la costa hasta la sierra.

Y con tanto amor a su gente,
Como a su patria el fervor…
Nadie como ella tan decente
Y con mensaje tan motivador.

Nunca una afrenta en su boca,
Jamás un rencor en su letra,
Solo abrazos de hermana…
Tal vez ahora mismo me susurra:

El "Bello durmiente",
No la retendrá…
Vuelve a casa,
Deja "El puente de los suspiros".

No hay "Herida oscura",
Si hay luz en tus ojos,
Sonríe, canta, baila,
Y vuelca tu pena… ¡en alegría!

83 PERSONA

Teoría de la "X" e "Y"
(A modo de ensayo)

En la fusión del óvulo y el espermatozoide,
Se presentan las opciones: XY o XX...
Dios los hizo: hombre o mujer.

Solo que, en esa fusión,
En los cromosomas XX o XY,
Hay millones de datos de ADN.

No hay intención divina,
Para que, en ellos,
Algo diferente ocurra.

Pero ocurre...
Todo ajeno a la voluntad,
De ese nuev@ ser.

Al parecer predominan,
Algunas características,
Que no estaban previstas.

Ella, él o ell@s,
No tuvieron opción,
Están libres de culpas.

Quien crea que no hay riesgos,
Negando todas las pruebas...
Que lance la primera piedra.

Tod@s ell@s en tanto seres humanos,
Son mis amad@s semejantes…
Como Jesús nos ha enseñado.

Es más, herman@s,
Si sus cargas van muy pesadas,
Aquí tienen mis hombros para apoyarlas.

84 **PIEDRAS INERTES**

No quedará piedra sobre piedra,
Se acabará el llanto para siempre,
Y quedarán hileras mudas, inertes,
De flores que no florecieron,
Arrasadas por la incomprensión,

Hay cientos, miles de diferencias,
En todo orden de cosas…
Cada una tiene un fin inescrutable,
Y será constructiva o destructiva…
De la forma como se la tome.

En las relaciones humanas,
Hay que quitarse las caretas,
Desterrar las hipocresías,
Tomar los estudios de la ciencia,
Y dejar atrás los mitos, las creencias.

No hay duda en algunos casos,
Es cuestión de plantearlo…
Respeto la forma como te percibes,
Si respetas la forma como te percibo,

Y viceversa… no es un trabalenguas.

Sabes a qué me refiero…
No al acoso, a la intolerancia,
Venga de donde venga…
No hay nada que eliminar,
Hay más que abrazar en positivo.

No es cuestión de ser o parecer,
Eso es muy simplista…
El alma humana es muy compleja,
La predisposición defensiva deja,
Y toma mi mano fraterna.

Dejemos a las piedras inertes, que todo cae por su propio peso.

85 LABERINTO

Si sale humo de la oscuridad,
Es algo que hay que tener en cuenta,
Pues encubre alguna tormenta...

Y empieza por negarse a toda razón,
Continúa huyendo de todo tipo de ruido,
Para quedarse solo con vértigo y soledad.

El detonante es alguna carencia o pérdida,
Que resulta inadmisible…
Que forme parte de la realidad.

Es la no aceptación,
De que no hay remedio…

Para lo irremediable.

Solo la desesperación es posible...
Lo tangible es el círculo vicioso,
De ir de oscuridad en oscuridad.

Mientras tanto...
Fingir es la consigna,
La mejor defensa es el ataque.

Respiramos profundamente,
Abrazamos la quietud, el abatimiento,
Y si nada de eso funciona...

Es sentir que se ha llegado al final,
Y descubrir que fácilmente pulsando un botón...
¡Se puede apagar la luz para siempre!

Mas, dentro de todo ese laberinto,
Cuando todo parece consumado...
Se siente una voz como un mandato:

¡Si se puede! ...
Llegar a la luz de un nuevo día...
Y dejar la oscura noche transcurrida.

86 NEGRO CRESPÓN

Si los conocimientos fueran míos,
De todos los misterios del universo,
Me erigiría yo mismo en Dios...
O tendría que ser ateo en mi verso.

Pero con mi humanidad del día,
Con mi destemplada osadía,
De dudar de tu existencia…
Debo clamar por tu presencia.

Hordas de bárbaros con voz de hierro,
Llamándote con muchos nombres,
Merodean por todo el mundo,
Acechando a los hombres.

Dicen que luchan por sus carencias,
Portando banderas de la religión…
Dicen que en ti están sus creencias,
Pero dejan a su paso negro crespón.

¿Será que, dentro de la multitud,
Se esconde con mucha quietud,
El siniestro guardián del tesoro,
De algún becerro de oro?

No es posible tanta sangre e impunidad,
De los hombres con sus semejantes,
Ten misericordia, ten piedad…
Extiéndenos la mano cuanto antes.

No permitas que creamos,
Que estamos solos en el universo,
No dejes que pensemos…
Que solo lo oscuro es realidad.

Que no existan más fronteras,
Ni absurdas mentales barreras,
Arría las discriminatorias banderas,

Haznos hermanos, de todas maneras.

Si delante de nosotros está la luz,
Y a nuestras espaldas las tinieblas...
Humanidad ¿por qué dudas y tiemblas?
Toma tu madero... ¡carga tu cruz!

87 MA MERCEDES

Ahora que la tarde esquiva,
No quiere detener su paso,
Y se va a posar al mar.

Ahora que el tiempo,
Se ha reducido...
A los recuerdos nada más.

Ahora que atizas tu mirada,
Y se escucha imperceptible,
Tu voz como un rumor.

Ahora que tu vida quieta,
No alienta oleajes...
Y todo está igual que ayer.

Ahora que piensas,
Que no hay nada que dar,
Porque ya lo diste todo...

Alcánzame tus manos marchitas,
Y la marchita flor de tus labios,
Para acomodarlos entre las hojas,

De mi libro mejor…

¡No abuelita!
No soy Fido, el que mueve la cola,
Soy de tus nietos…
¡El menor!.

88 PLENITUD

Cual vendaval de la vida,
Vayan rápido Guepardo Chita,
Halcón peregrino…
Escarabajo tigre, etc., etc.

El que quiera retar a la naturaleza,
Que vaya veloz…
Pero dejen tranquilos,
Haciendo el amor, a los caracoles.

Para todos hay plenitud,
Está en sí mismos ("per se"),
Al margen de los atributos,
Del que la naturaleza les dotó.

No importa la edad, el género,
Sean virtuosos, iluminados,
O locos empedernidos…
Mientras no hagan mal a nadie.

89 EL SONIDO DEL METAL

Al caer las hojas yo alzo mi voz,
Tú, él, nosotros, todos alzamos la voz…
Y el único idioma que al final,
Todos comprendemos…
Es el sonido del metal,
Cuando ruedan las monedas.

¡Oh! mundo interesado,
Tan solo en lo tangible,
Imponiéndolo con la espada,
Defendiéndolo con los dientes,
¿Serás capaz de vender tu alma,
Solo por falaz tesoro?

90 CANDIL DE ESTRELLAS

Esas monedas en el suelo,
Que nadie quiere recoger,
Es su dote de consuelo,
Que hoy le dará de comer.

(Nadie cree en los menesterosos,
Por culpa de encorbatados mentirosos,
Que han suplantado su identidad,
Enarbolando banderas de caridad).

Para ese espectro en el día,
Para esa sombra en la noche,
Cualquier sonido es melodía,
Cualquier pan duro su lonche.

A él, ni a nadie le importa,
Si su lecho está en la basura,
O en su mente llena de locura,

Dicen que su visión es muy corta,
Pero en el infinito cielo lleno de estrellas,
Él ve un candil… en cada una de ellas.

91 MUJER COMPLETA

Yo esperaba el sosiego, la plenitud…
¿Qué haces junto a mí melancolía,
- Con tu semblante de tristeza,
- Con tu tul de media luz,
- Con tu cadencia de quietud?

No esperes que te compadezca,
Tampoco que te arrulle.

Si me dejó su ausencia,
Si ella no está aquí,
No es que la perdí…
Solo que sus sueños,
El deber…
La alejaron de mí,
Por momentos nada más.

¡Pero volverá!…
- Como la luz del alba,
  Trazando nuevos horizontes.
- Como el capullo,
  Floreciendo en primavera.

- Como el sol en el cenit,
  Exaltando toda forma de vida.

Porque ella es así,
Completa...
¡Toda una mujer!
Llena de vida...
Y no como tú
Gris, envilecida...
Esfúmate, pálida melancolía.

92 <u>TRONCO VIEJO</u>

Si hay algo que se siente bien,
Es el sopor tenue de otoño...
La brisa leve que deshoja,
Recuerdos intrascendentes...
Que dejan al desnudo,
Como brazos abiertos,
El ramaje espectral,
De un árbol viejo...
Lleno de surcos inobjetables.

Con su corteza que envuelve un corazón,
Cual cartón corrugado, papel crepé,
Que aviva experiencias de vida,
Para aquel sensible ser,
Que se acerca a él...
A disfrutar de su sombra,
O, para beber de su sabia,
Para ser una mejor persona,
Y no convertirse en leña prematura.

Aunque la mayoría solo ve…
A un tronco con final previsible,
Incluso se animan a decirle:
Empieza a dar tu paso final,
Toma impulso hacia la nebulosa…
Donde ansiosos te esperan,
Un bosque de espíritus libres,
Con sus ramas vueltas en alas
Carentes de ataduras.

Él desdeña las bien intencionadas
Promesas de espiritualidad…
Y ya no le quita el sueño la vida eterna.
Ahora bien enraizado, pisa tierra,
Y sabe que lo más cierto es:
Que sus raíces, su ramaje,
Y todo su tronco entero,
De polvo se hizo y…
En polvo se convertirá.

Mientras tanto él ríe:
¡Pobrecillos, qué cándidos!
No hay muerte cerebral,
Solo un ramaje roto,
Cicatriz de alguna batalla,
Un corazón parchado…
No se apuren tanto,
¡Aún puedo reír
Y saltar en un solo pie!

93 MELBA

Vamos lado a lado:
Somos iguales - me dices-,
Yo digo que: NO...
Apuras el paso,
Te tomo del brazo,
Volteas hacia mí...
Somos complementarios – digo-,
Me abrazas suavemente...
Te abrazo y giramos.

A ningún lado vamos - me dices-,
Y digo: tal vez hacia abajo,
Tal vez hacia arriba...
En el espacio eso no cuenta,
Si giramos, avanzamos...
De una estrella a otra estrella,
De tus pupilas a mis pupilas,
De una melodía a otra melodía,
De tu piel a mi piel...

Pero abrazado a mi almohada,
Aleteo a los lados,
Nada por aquí,
Nada por allá,
Y despierto:
¡Solo!...
Así no vale,
Quiero estar a tu lado...
¡Pronto!

94 ¡HUYE!

El amor es una mariposa,
Que no se deja atar,
Tiene su propia lógica…
Y no se deja atrapar.

Si hoy aletea y te deslumbra,
Mañana no la has de hallar…
No te afanes en buscarla,
Ni en querer conservarla.

Si alguna vez pasó por tu vida,
Tal vez no te diste cuenta…
Que, en tu corazón,
Halló su único hogar.

Pero no te confíes…
Aun allí indefensa,
Si intentas tomarla de las alas,
Solo lograrás aniquilar su vida.

Pero nosotros,
Pasajeros efímeros de la vida,
No podemos quedarnos…
Con mariposas, mieles y rosas.

Pues la dura vida,
Nos curte el pellejo,
Cubre de costra las heridas,
Y nos transforma en algo inesperado.

Y, de pronto...
Pasadas las ilusiones,
Solemos gritar:
¡Huye de mí, mariposa!

A orillas del mar...
Mi corazón se ha vuelto piedra,
Donde atan los barcos,
Que se cansaron de navegar.

Como tú...
Que expones tus maderos,
En busca de los puertos,
Que aprovisionarán nuestro hogar.

95 YA ME ENTERÉ

Desterrado del Paraíso,
Lejos del Olimpo,
Con el torso desnudo,
Con los pies sobre la tierra...
Ya recibí el mensaje.

Y con los ojos cerrados recuerdo:
La tibieza de tu capullo fascinante,
La fragancia de tu cuerpo turbador,
Tu índice como principio del mundo,
Y en tus bellos ojos, todo el universo.

¡Ha! Tu voz, tus palabras,
Melodías inconmensurables,
El balbuceo de un ángel,

La alegría de todo el mundo,
Aunque solo fuera un: ma, o pá.

Nunca lo olvidé...
No hicieron falta promesas,
Nada de pactos,
En las buenas y en las malas...
Siempre en mi corazón.

Ahora...
Detrás de la ventana la bruma,
En la loza del parque,
La algarabía de los niños,
Luz y Luciano haciendo "selfie".

Y dentro de casa,
Ya está listo el almuerzo,
Yo, meditabundo...
En el mensaje: la vida se renueva,
Y el mundo sigue su marcha.

¿Te das cuenta?
El círculo se completa,
Se enciende la luz
Gracias a Gael...
Ya empezamos a sentir lo mismo.

96 SANDALIAS EN EL CAMINO

La vida acomodada,
La falta de quiebra...
No me ayudan a escribir.

Las lecturas, los discursos,
Con soluciones servidas…
No me ayudan a escribir.

La pantalla que encandila,
Que seduce a la vista y los oídos…
No me ayuda a escribir.

¿Cómo escribir de las cosas placenteras,
Sin hacer sentir al lector…
Una mezcla de vanidad y soberbia?

¿Cómo abrazar, decirle camarada,
Al que no tiene nada…
Desde mi mullida almohada?

¡Qué ganas de abandonarlo todo!
De sacar las sandalias del lodo…
Y volver al principio del camino.

Qué tentación de dejar las armaduras,
Romper, desatar, las ataduras…
De sudar la frente por el pan de cada día.

Qué deseos de volver a la fuente,
Sufrir con el ser doliente…
Y apuntalar su valor como persona.

97 EL COLOR DEL CRISTAL

Segura está la memoria
De su existencia y verdad,
Pero, amenazada de muerte,
Por el color del cristal con el que se la mire.

Mientras danza desnudo,
El presente inseguro,
Bajo lluvia de rejas, cadenas o escudos,
De nuestra frágil sociedad.

No me hablen de política ni elecciones,
Yo solo veo improvisación, injurias y farsa,
Desde la siniestra oscuridad,
Riendo a carcajadas.

Los intereses de siempre,
Jugando a las marionetas...
Maniobrando los hilos,
De nuestra mentalidad.

98 ¡ALERTA!

El mundo detiene su marcha
En todo semáforo en rojo,
En columnas o filas de autos
Adiestrados eficientemente.

Una sonrisa banal en uno de ellos,
Acicala blonda cabellera…
A ratos bailando los índices,
Al compás del parabrisas.

Dentro de otro:
Una expresión tensa,
La mirada fija en el horizonte
Congestionado de carros.

A nadie la importa nada más,
Cada uno en su propia historia,
Prisioneros de su burbuja…
De cuatro ruedas.

Y alrededor, multitud de "efes",
Transeúntes "agachaditos"
O ciber zombies…
Guiados por algún imán.

Ninguno de ellos presta oídos,
A la voz que alerta:
Anda suelta la sierpe electoral,
¡Despertad! ¡Despertad!

99 FIN DE FIESTA

Campanas y luces
Volvieron a clases,
Dejando tras de sí,
El oleaje cotidiano
De palabras buenas.
Buenas intenciones,
Que se estrellan
En la coraza de reptil,
Que contiene al animal
Que brama injurias,
Como un acto de defensa
A los frágiles rayos
De la tímida razón,
Que intenta hallar
Algún punto de expresión:
En la pupila, en la pluma,
De alguna página,
Estrujada en el bolsillo.

100 MIEL DE ABEJA

Vuela abuela, vuela...
Con tus pies de plomo,
Con tu arritmia,
Con tu hígado en llamas,
Y tus alas rotas.

Vuela abuela, vuela...
Ya no hay vendavales,

El mundo está en su eje,
La mochila parchada,
Y todos en sus roles.

Vuela abuela, vuela…
Hacia dos luceros,
Hasta una sonrisa,
Una mano extendida,
Con los dientes de leche.

Vuela abuela, vuela…
Con tu "miel de vieja"
Para los trúhanes,
Esos condenados,
Que irán a la ducha.

Vuela abuela, vuela,
Hay tanto por hacer…
Incluso llevas postergado,
Como un pendiente ruego:
"Tu voluntad espero".

101 COLEÓPTEROS EN EL AIRE

Helicópteros blindados,
Atemorizan la región…
Pasan rasantes,
Vuelan presumidos,

Y caen torpemente,
Sin ninguna razón.

Alas de ángeles,
Bajan del cielo,
En auxilio de los caídos…
Haciendo palanca,
Con manos de seda,
Con temple de acero.

Llueven grandes gotas,
De aflicción y de pena…
Es tan sencillo
Poder ayudarles,
Y no se ponen de pie,
Ni alzan vuelo.

Hasta que de un árbol,
Con tranquilo parpadeo,
Un búho parece decir:
No son helicópteros…
Con extremidades al aire,
Son "Toritos" dando gracias al cielo.

Ellos ya culminaron la tarea,
Encomendada por el creador,
Y lanzan las señales,
Para que les recojan de la tierra,

Mañana no estarán allí…
Prueba que les escuchó el Señor.

No se puede dañar,
Las gotas de rocío:
Esas ilusiones
De inocentes niños,
Ni lo que ellos ven…
Con el corazón.

102 ESTÁ BIEN

Oigo en mis tinitis compañera,
Una potente melodía…
Que algún genio compondrá.

Siento en mi piel,
Tosco papel crepé…
Con grafías por descifrar.

Veo figuras de cantos rodados,
De formas antojadizas,
que mi mente interpretará.

Suena en mi voz cansada,
El eco de una quebrada…
Que yo solo puedo comprender.

Luzco en mis sienes,
La más alta distinción…
En mi visera para el sol.

Complemento con la imaginación,
Las cosas que la naturaleza,
Ya no me puede otorgar.

Y eso está bien,
Gracias al cielo…
Porque todo está como debe estar.

Incluso hay luceros encendidos,
Antes de la penumbra…
En los ojos de mis seres queridos.

¿Qué más puedo pedir?,
Una copa de licor de fantasía…
¡Para celebrar!

103 ¡SI!, ESTAMOS HARTOS

Destrozado por avalanchas,
De buenas intenciones,
Explotó el tintero…
Se quebró la pluma.

No bastan las palabras,
Para enmendar el mundo,
Es preciso el fuego…
Y la sangre, en las letras.

Para desenmascarar al altivo,
Que con un diente de oro,
Levanta la nariz…
Y mira de soslayo.

Para doblegar el dedo,
Del que digita la muerte,
Borrando la sonrisa…
De los inocentes.

Para señalar,
El espejismo dorado.
De los alienados…
De una realidad inexistente.

Para decirle al dotado,
De algún don superior,
Que estos le fueron dados…
Para servir a sus semejantes.

Para advertir que hay,
Millones de gusanos,

Que tarde o temprano…
No podremos eludir.

Con la razón en bandolera,
Con la verdad en cartuchera,
¡Sí!, estamos hartos…
De las injusticias.

No hay pretensión de limosnas,
Ni nada del bien ajeno,
Solo del acceso a un rol,
Que dignifique a las personas.

104 RECONCILIADOS

¡A ver! … es un decir.
… Tenue la voz…
Que se deje escuchar,
Un silencio sosegado.

Que pare un tanto el caminante,
Que discurra apacible,
El agua de la fuente…
Hacia el centro de la tierra.

Y los astros sonrojados,
Que den paso a la señal,
Que han de seguir…
Los nuevos Reyes Magos.

Que se aliente la ilusión,
De esos pastores inocentes,
Atraídos por el imán,
Del renovado pesebre.

Todos en quietud,
Roguemos al creador
Que nos envíe...
Al inmaculado cordero.

¡Que se entienda al fin!
Que el siguiente paso,
Será del sacrificio del redentor...
Para que todos seamos ¡salvos!

Que la Navidad...
Nos encuentre reconciliados,
Que todas las manos vacías,
Se llenen de ferviente amor.

105 DIVAGAR

La nada entre la nada...
Ahogando los sentidos,
De un vaho inesperado,
Con brazos de extinción.

La pureza de romper,
Todos los vínculos,
Con llama blanca,
Y ausencia de dolor.

Nada importa…
Languidece la realidad,
Desarmada de sí misma,
Abandona el cuerpo, avatar.

En adelante,
De todo ha de pasar,
Hasta lo más insospechado,
Y nunca se ha de recordar.

En un tiempo sin tiempo,
O en toda la eternidad…
Tal vez solo un suspiro,
En un clic atemporal.

Luego, ajeno a los deseos,
A todos los miedos,
A la virtud o al horror…
Solo los ojos al despertar.

Con la mirada limpia,
Sin pasado, sin futuro,

Como un orgasmo onírico,
Carente de sentimientos de culpa.

106 SEGURO

"Todo va a estar bien"
Endulza la aseguradora…
Y a la muerte no le importa,
Los contratos en su nombre.

Su tarea es indiferente,
Sorda, ciega, muda…
Despistada, sin horario,
Y no hay fin a su jornada.

Y el hombre frágil ser,
Cree tener la vida comprada,
Hasta llegada la penumbra…
Haciéndole inútil lucha.

Y se consuela a veces:
Lo seguro es vivir,
Incluso padecer agonías…
Pues el barro no conoce de muerte.

Y seguro de su inmortalidad,
Pide que nadie cierre sus ojos,

Para poder ver sus despojos,
Y reclamar un lugar en la eternidad.

En cambio yo le pido al cielo,
Algún dedo índice,
Alguna mano piadosa...
Que me exonere de la aseguradora.

Pero débil hombre al fin,
Cedo ante mis temores,
¡Por allí siento a la cegadora!
Que el seguro pague la factura.

¿A dónde irán mis huesos,
Huérfanos de cosmos a parar?
Ahora que no tengo...
¡Ni un cobre para la aseguradora!

107 VENDETTA

Un trino en mi ventana,
Miro en busca de algo...
El mensaje no es para mí.

La mañana con su tímida luz,
Anuncia la hornada de un nuevo día,
Y me lleva hasta la cola del pan.

Una mueca de sonrisa en la ciudad,
Aún existen los saludos de cumplido,
Y miradas defensivas de soslayo.

El capital rentista...
Rapaz y usurero,
Se mantiene a raya.

Los empleadores...
Y sus servidores,
Están como camaradas.

Los credos en las calles,
Están en retirada a la conciencia,
Y a los muros de cada hogar.

Hasta que golpea la realidad:
El mal desde la ultratumba...
Envía a sus mercenarios.

Malditos seres sin entraña,
Hombres dando caza a otros hombres,
Fríos, calculadores... ¡los sicarios!

La febril construcción de la sociedad,
Deforme cual torre de Babel...
Nos envía más allá de las cavernas.

Nos unimos al coro de todo el mundo,
Cualquier motivo es válido…
Para la voracidad del demonio.

108 ALGO PERSONAL

¿Qué recurso usar…
Cuando se siente el agua hasta el cuello,
Y todo el peso del mundo sobre la espalda?

Hay, hermanos…
Lamento decirles que no tengo la respuesta,
Y nadie me ha dado una a satisfacción.

Me he planteado y he escuchado…
Desde cerrar los ojos y esperar una música celestial,
Hasta infinidad de recetas para el paladar.

Algunas veces he usado fonemas irrepetibles,
Otras veces he tratado de anticipar…
Como esos ejercicios para los desastres.

El tema es…
Que es algo muy personal,
Del cual depende toda la existencia.

Pero me he sentido mejor…
Cuando en épocas de vacas flacas,
Tanto como en el de bonanzas:

Ha sido por causas…
Que atañen a mis semejantes,
Como a mí mismo, en tanto ser… ¡humano!

Pero hoy… no es el caso,
Tenemos todos los sentidos para disfrutar,
Y la luz del cielo… que nos ha de iluminar.

¡Vamos!, vamos caminantes…
Por el horizonte… sobre el aire…
Por tierra o estelas sobre el mar.

109 A OBRAR

Descartadas las áreas de arena y de fango,
Nadie debe resistirse a la plomada…
A la línea de libre caída sobre la roca.

La que servirá de base al pilar,
Donde se construirá con hierro y cemento…
Todas las acciones de la vida humana.

De nada vale el oro o la caracola soñada,
Si no se ofrenda generoso sudor…
Con picos, palas y otras herramientas.

Instrumentos que en tendones de acero,
Templados en fraguas espirituales…
Permitirán edificar la sociedad humana.

Esa sociedad con la que soñamos:
Resistente a las fáciles tentaciones,
Que nos cobije a todos sin distinciones.

Todos a aportar nuestro grano de arena,
Desde los escritorios con papeles y teclados,
Hasta las canteras de la dignidad humana.

No hay tiempo para llantos, ni remordimientos,
A obrar, a construir vehementemente…
Sobre los escombros de las pasiones insanas.

Y los destructores deben saber la verdad:
El odio con el que destruyen,
Solo los derruirá… a ellos.

110 SIN DESMAYO

Del paraíso perdido,
Al paraíso recobrado...
Nadie sabe la distancia.

Pero podemos suponer,
Que nunca será el lugar,
Donde todo, se nos era dado.

Y tal vez lo práctico sea,
Esforzarnos para que...
Sea obra de nuestras manos.

Allí donde el esfuerzo,
Sea de adrenalina,
Y puro placer.

Allí donde las lágrimas,
Sean de rocío,
Y felicidad.

Allí donde tu mirada,
Sea para mi mirada...
Tal como para el Creador.

Pero empecemos primero,
Dando fin a los odios,
Acabando todas las guerras.

Con las mejores herramientas:
Dialogar, negociar, educar….
Hasta redimir al descarriado.

Esta tarea es individual,
Y es de todos…
¡A no desmayar!

Aunque a veces pierdo la paciencia y tengo ganas de decir "palabrotas" … queremos paloma de la paz, no a la bandada de descarriadas aves, que nos mandan "repugnantes misiles" desde el aire.

111 EL MANDATO

Serpentean rayos de piedra,
Los caminos de la sierra,
Cubriendo alturas abismales,
Hasta la cima de los Andes.

Allí donde has elegido,
Elevarte con dignidad,
Con tu llama y tu quena,
Como originario de esta tierra.

Extrañas etiquetas,
Te nombran “indio”,
Y en tu “runa simi”…
En silencio les ignoras.

Pero en tu interior escuchas:
Hipócritas fariseos,
Vestidos de cristianos:
¡Aquí mandan los Apus!

Gruesas lágrimas de oro,
Ya pagaron el precio,
De seguir sobre la tierra…
¡Asume ahora tu derecho!

Ya culminó la etapa,
De tus obras en roca,
Vuelve dúctil tu alma…
Y pon dulce la mirada.

Levanta la vista…
Hasta el “Inti” de tu cielo,
Y cumplamos su mandato,
De ser: ¡todos hermanos!

112 ¡TERROR!

Sin tomar banderas,
Sin saber de fronteras,
Inermes caminantes,
Sobre la faz de la tierra.

Los "no retornados"...
Rocíos de sangre,
De una guerra.
Que les es ajena.

Han sembrado la semilla,
De árboles cuyos frutos,
Llevan el mensaje impostergable:
¡Basta de barbarie!

Desde cualquier parte,
De este mundo cruento,
Sangre, llanto, muerte...
Hasta la "ciudad luz".

El hombre ha enloquecido:
Ya no distingue campo de batalla,
Ni se bate con el contrincante...
En igualdad y con honor.

No hay ningún respeto,
De la condición de inocencia,

De indiscriminadas víctimas,
A manos del terror.

¡A desenmascarar la guadaña!
De los fabricantes de armas,
De los traficantes de ideologías, credos,
Los tratantes de toda laya, etc.

Y a tener mucho cuidado:
Los responsables de crímenes,
No solo son, los que jalan del gatillo,
Si no, aquellos indiferentes: por callar.

113 MI DUEÑA

"Claro de luna",
La noche palidece,
Y a través de la venta,
Sus notas se deslizan…
Hasta mis oídos.

La ciudad convulsionada,
Con su bronco tronar,
Intenta evitar,
El embrujo de sus notas…
Inútilmente.

Su melodía me exonera,
Del resto de la jornada,
Y me arrastra hasta mi lecho,
Con sábanas y almohada,
Dibujadas de ausencia.

El vaho del recuerdo,
Me trae desencadenada,
Del tiempo y la realidad,
El rostro de mi dueña...
Tal cual la conocí.

Sin los rasguños de los días,
Con sus ojos expresivos,
Compitiendo con el lunar,
Junto a sus labios...
¡A ganar!

La lucha con el sueño,
Me jalonea de su lado,
Y poco a poco nos rodea,
Imágenes carentes de sentido,
¡Y ella!... se me escapa de la mano.

114 SIN TREGUA

Rebelde de nueva hornada...
¡A la trinchera! del conocimiento,

Sincroniza con los compañeros,
Que es tarea de conjunto,
Y apenas empieza la batalla.

La lucha es de largo aliento,
Sé leal con el camarada...
Sin descuidar todos los frentes,
Incluso a diestra y siniestra,
Tal como en la retaguardia.

Hay que blandir el acero,
De la verdad y la justicia,
Para romper el blindaje,
De la siniestra ignorancia,
Que cubre al individualismo.

A ese malsano sentimiento,
Origen de las injusticias,
De tomar todo lo ajeno,
Y que hace su reinado,
Desde hace miles de años.

¡A rescatar la bandera!
Oculta en el conformismo,
En acto muy solemne,
Hay que hacerla ondear:
¡Libertad, igualdad, fraternidad!

Y que quede bien claro:
¡No habrá ninguna tregua!
El fin de la sociedad…
No es la riqueza acumulada,
Si no… ¡el ser humano!

115 DESENCANTADO

El simple ondular de la palmera…
Al abrazado a la enredadera,
No le importa de ninguna manera.

Prefiere el laberinto enmarañado,
De la hiedra de pasiones banales,
De superfluas historias humanas.

No se suma a la savia,
Que da vida a la planta,
Y prefiere su propio embrollo.

El flujo hediondo de colector,
De sus propias vísceras,
Que termina en la miseria.

Y por andar por las ramas,
De inútil trepadora,
Se expone a su fruto venenoso.

Y si cambia de planta,
Al árbol de la humanidad,
Continúa por sus ramas…

No se da cuenta del fruto
Codiciado de la misma,
Prefiriendo el follaje…

Deshojando el libro
que cuenta de los triunfos,
Del hombre sobre la oscuridad.

Tampoco alienta la victoria,
De la lluvia sobre la tempestad,
Y prefiere un reguero de sangre.

Hoy estoy desencantado,
De los seres que no se comprometen,
Con sus semejantes.

Pero ¿quién soy…
Para levantar el índice del dedo?
O tal vez actúo así…

Solo por no poder cerrar,
El único ojo de la pluma cúbica,
¡De mis pesadillas!

Y nublo esa única ventana,
Poniendo precio que nadie paga,
Por sus cristales…

En vez de disfrutar
De la palmera, del mar…
Y de la playa.

116 COMADREJA

Al gallo desplumaste,
Vergüenza debiera darte,
Con un huevo te esfumaste…
Si el gallinero podías llevarte.

El "fierro" podrá valerte,
Zamarro, zapato viejo…
Para cuidar el pellejo,
Hasta el día de tu muerte.

Pero ¿no tienes temor?
¿Qué pasará por tu mente?
Cuando estés presente…
¿Delante del señor?

Puedes al cielo escupir,
Improperios lanzar,

A tu conciencia evadir,
Pero nunca olvidar.

Que la cuenta está pendiente,
En una justicia independiente,
Lejos del amparo de tu grey,
Por mandato de la ley.

Todos los de tu calaña,
Podrán tener mucha maña,
Pero llorarás con los cobardes,
Sintiendo que en el infierno ardes.

En ese infierno en la tierra,
Que al más fiero aterra,
Que es estar tras los barrotes.
Con todos los monigotes.

Lo que más indignación me causa,
Es saber que los autores mediatos,
En vez de trabajar y en bausa,
Están en los hogares insensatos.

¡Esos, donde se alienta el delito!

117 LA PRÓXIMA EMBOSCADA

Cual cordero bebiendo
De la más austera fuente,
Rugidos de improperios,
Desarman al más valiente.

Luego, colmillos relucientes,
El brillo del metal frío...
La desquiciada mirada,
Te advierten que has perdido.

Ni la más estudiada táctica,
De ataque o defensa sirven,
Cuando de un nervioso hilo...
El gatillo pende.

En segundos trasquilado,
Sin la oportunidad del rubor...
Hipnotizado por la fiera,
Desnudo he quedado.

De nada sirve llorar,
Por la leche derramada,
Hay que asimilar lo inadmisible:
Es "la ley de la selva".

No es una ficción,
La pregunta del millón,

Es, en adelante...
¿Cuál será la próxima emboscada?

No pido nada, a nadie...
Me desahogo de puro coraje,
Haciendo lo único que puedo:
Escribir, escribir... inútilmente.

118 EL PRISMA

¿A quién quieren engañar,
Con el cuento de libre competencia...
Que adormece la conciencia?

¿Por qué tragarse el anzuelo,
De la solución perfecta...
De ilusoria carnada?

Nadie nace para ser cardumen,
En un mar de pobreza,
Al azar de la naturaleza.

Desenmascaremos los intereses,
De grotescos capitales en juego,
Que nos tragarán luego.

Esos que nos cierran las puertas,
Donde hallar las herramientas,
Para forjar nuestro destino.

No aceptemos el mendrugo electoral,
De palabras, puras palabras,
Que ni el viento quiere.

¿Por qué es tan difícil entender,
Que de nada sirve votar,
En un barril sin fondo?

¡Cuidado con la marejada!
Estimados ciudadanos, ¡acción!
Desatemos nuestras manos.

No es solo nuestro bienestar,
Lo que se pone en juego,
En todas las elecciones.

Si no, el prisma,
El espectro de luz…
De futuras generaciones.

119 <u>ARENGA</u>

Esta tarde de relámpago y vendaval,
Borracho, muy borracho…
He mandado de paseo a la sobriedad.

Y embriagado de realidad…
Aprecio lo que incluso un niño,
En su candidez puede diferenciar:

Las copas y lisonjas de las mansiones,
Contrastan con el nido destruido…
De los desposeídos.

No por la naturaleza inclemente,
Si no, por los intereses,
Del imperio del capital.

Mujeres y hombres laboriosos…
Obreros, campesinos, estudiantes,
¿Por qué adormecen sus fuerzas?

¿Por qué tenemos que dar de comer,
A los zánganos y rémoras…
Que meten la mano a nuestros bolsillos?

¿Por qué tenemos que beber del licor,
De los medios de comunicación...
En las próximas elecciones?

¿Dónde están los indignados,
Por los privilegios de las sangres azules?
¿Los que lograron las 8 horas de jornada laboral?

Nada justo se obtendrá
Sin siquiera plantearlo...
Que la democracia no sea una farsa.

¡Los viejos a la tumba! ... política,
¡Los jóvenes a la obra!... ¡heroica!,
De transformar la sociedad.

120 POLEN DE VIDA

Desde mi mazmorra laboral,
Mis mensajes son
Frágiles deseos,
Aviones de papel...
Sin destino conocido.

Si alguno llega hasta ti,
Antes de que se aje...
Échalo al viento,

Vuelto en mariposa,
O laboriosa abeja obrera.

Criaturas maravillosas,
Que en acto de sincronía,
Sin ninguna rencilla,
Llevan mensajes de armonía
Portando el polen de la vida.

Y cada día será de alegría,
Como una actitud de vida,
Incluso para el recluido,
Con razón o sin razón,
En su propia mazmorra.

Quien ajeno al carcelero,
Sin la luz de testigo,
Tendrá deleite en las sombras,
Tregua en el alma...
Y reposo en el cuerpo.

121 TAIMADA Y FRÍA

No te quieras pasar de lista,
Que no eres santa de mi devoción...
Es mejor que te alejes de mi vista,
O te dejaré guardada en un cajón.

Y por más que yo porfío,
Con tu carita de tristeza tierna,
Me miras de manera alterna:
Ya la pupila limpia, o con gotas de rocío.

Tu compañía me ofreces,
De media luz y de penumbras,
De improviso te apareces,
Y me jalas a las sombras.

Pero… ¡de pronto!
Sin ninguna explicación,
Acude a mi rescate,
Un hilo de aire fresco…

Que expande mis pulmones,
Poderoso e incontenible,
Como una luz resplandeciente,
A la hora de la creación.

No me pidas comprensión,
Ni migajas de compasión…
No finjas actos de agonía,
Taimada y fría, melancolía.

122 MEMORIA

¿Quién eres?,
¿Quién soy?...
- Memoria,
Solo memoria.

Materia nula hecha posible,
A pesar de toda la ciencia,
Desvinculado a lo tangible,
Dentro de nuestra conciencia.

- Memoria,
Solo memoria...
Siempre omnipresente,
En la estructura mental.

Aquella imposible de destruir,
La que no pedimos adquirir,
La que no entenderemos jamás,
Y todas las demás.

Reflexión notoria:
Si no existe memoria...
No hay elementos vinculantes,
Con el entorno y nuestros semejantes.

Construir memoria podemos,
De todo lo grato e ingrato,

Aunque sea un garabato…
Esa es nuestra facultad.

Lo que no es posible,
Es recordar como cierto,
Al imperio de un capricho…
Lo que nunca existió,

¿Quién eres?,
¿Quién soy?...
- Somos lo que somos: ¡MEMORIA!,
Desde los albores de la creación.

123 LABRADOR

Soy el labrador de palabras,
De frutos muy modestos,
Que en épocas de abundancia…
Pueden desdeñar.

Realizo mi labor paciente:
Sembrando semillas de la realidad,
Regadas con lluvia de mis ojos,
Segadas con la pluma de mis manos.

Y he llevado a mi mesa,
El fruto de ese campo,
He llenado mi copa,
Con el sudor de mi frente.

Pero nada tengo que envidiar,
De la opípara mesa del recaudador,
Es más, puedo darle algunos granos más…
Ya que, cada uno tiene su labor.

Pues si cada uno no hiciera su tarea…
Las mesas quedarían vacías,
Y rotas del estado las alcancías…
Fácil presa de cualquier depredador.

Y mil veces prefiero,
Al hermano recaudador,
Que al extraño fiero,
Y con yugo opresor.

124 REGLA DE ORO

Si una imagen va…
Girando alrededor,
Llena de encantos mil,
Sustentada solo por sus alas,
Y un día, hecha una realidad,
Amanece en tu cama…

La regla de oro es:
Si la amas: te amarás a ti mismo,
Si la dañas: te dañarás a ti mismo,
Y en adelante…

Se convertirá en tu sombra,
Y en tu imagen reflejada.

Esta simbiosis,
Que no es juego del azar,
Ni un signo del destino,
Conlleva objetivos de vida,
De generar nueva vida...
Ensalzando la creación.

Tus obras...
Serán sus obras reflejadas,
Sus sombras cómplices,
Sus alegrías compartidas,
La consagración del deber,
La especie multiplicada.

Pero si un día,
Admites otra imagen,
todo se arruinará...
ya no habrá reflejo

Quedará el vacío,

Con tu sombra sola, desnuda y original.

125 TAREA CUMPLIDA

No planeamos el futuro...
Y la vida nos tomó en avalancha,

Incontenible entre las manos,
Regando tierra fértil.

Y la vida se multiplicó,
Como manda el Señor,
Con las mismas letras...
Cual se escriben todas las historias.

Y crecieron las plantas
Dando frutos que maduran,
Cayendo por su propio peso...
Abrumándonos en abundancia.

Y la vorágine de la vida,
Con la tarea cumplida,
Nos reclama el vendaval,
De un otoño inevitable.

Ahora, es preciso guarecernos,
Cubrirnos de noches siderales,
Encender el fuego de la casa,
Y colgar todas las fatigas.

Cual labriego,
Que al final de la jornada,
Busca el bálsamo...
Y la protección de su hogar.

126 LOS DESPLAZADOS

Con polvo de estrellas y sin zapatos...
Tal como venimos al mundo,
Sobre sendas de fuego sus pasos,
Buscan un lugar de refugio.

No hubo tiempo para nada,
Sin alimentos, sin abrigo...
En un acto de supervivencia,
Van en éxodo tal un redil.

No hay un Dios que los ampare,
Muchos caerán en el camino...
Pero será peor quedarse,
Y caer en manos del enemigo.

De ese espectro que tiene mil formas:
Desde la inclemencia de la naturaleza,
Hasta la violencia irracional...
De sus propios hermanos.

¡No!, no me digan que no existen,
Escuchen el rumor que corre
A la puerta de nuestras casas...
¡Son ellos, los desplazados!

Son la piedra en los zapatos,
La arena en los ojos,
Las letras muertas del camino,
¡Y son nuestros semejantes!

¿Hasta cuándo la indiferencia,
En nuestras conciencias?...
¿Hasta cuándo hombre...
Lobo del hombre?

127 LOAS

Diáfanas y cristalinas,
Frágiles gota de rocío,
Con sus lazos de armonía,
En hojas de inerme trébol.

No existe ninguna disputa,
Solo loas complementarias,
Ajenas a huracanes...
A vientos o anarquías.

Todo tiene su momento:
El trajín del día,
La amenaza de la tarde,
La tormenta de la noche.

Pero a esta mañana,
De rocío y de trébol,
De paz y de armonía...
Que no la perturbe nadie.

128 ESCRIBIDOR

¿Qué haces dibujando signos, escribidor?,
Esa labor ya lo hicieron soñadores con esplendor,
Lee todos los libros, como lo hace el trabajador.

¿Qué haces desnudando dudas, que van al aparador?
Mira tu reflejo, haz los cálculos en el ordenador,
Hay muchas facturas, que espera el recaudador,
Cuida lo tuyo, que el resto lo resuelva el Creador,
Baja de tu montura Quijote... ¡sí señor!

- Sancho... ¿quieres quitarme la gloria?,
Confórmate tú si quieres, con tu zanahoria.

Señor, en este siglo frenético, rodante,
Hay que hacerle caso a Sancho Panza:
Del único caballero andante...
Ya está escrita su semblanza.

- No hay caso con mi escudero,
Ha cambiado de amo: ¡por Don Dinero!

- Sancho, puedes repetir la canción,
Yo seguiré el derrotero de mi imaginación.

129 EL VIAJE

No se ve aun la luz del día,
Y estamos en el terminal,
Algunos perdieron la cuenta
Si es de ida o de vuelta,
En este mundo globalizado.

Hay muchos rostros
Y sus respectivas miradas,
Con expresiones multiplicadas,
Por infinidad de naciones…
y otros tantos credos.

Algunos piensan calculadamente:
Yo no flameo bandera,
Porque no tengo frontera…
Otros pasan desapercibidos,
Cuidando algún escondido latido.

Pocos tienen destino placentero,
Muchos, misiones de trabajo…
Algunos mandan todo al …ajo,
Ante las diversas dificultades,
Pero a mí me duele la partida.

No me voy porque yo quiero
Ni mi destino es ser pasajero,
De un contexto internacional,

Solo que en un mundo ancho y ajeno,
La quietud es mortaja irracional.

Ahora se escucha la última llamada,
Y en mi mente aglomerada,
Pasan todas las causas vividas…
y las expresiones emotivas
de mi condición humana.

Nadie sabe cuándo volveré,
Y mejor que nadie espere…
Pues solo sé que en adelante,
Estaré en las manos de todo aquel
Que obre lo cotidiano con justicia.

INDICE

01 CAPULLO	11
02 RAICES	12
03 M DOLORES	13
04 EL ESPEJO	14
05 HERMANA	15
06 EL MONTON	16
07 CAPITAN	18
08 TISIS	19
09 FLOR DE PRIMAVERA	21
10 COSHAMALE	22
11 PIEDRA	24
12 LA NOTA	25
13 CORTINA	27
14 LA PENSIÓN	28
15 CÓDIGO	29
16 ALGO	30
17 LUMINARIA	31
18 GANAS	32
19 DULCE	33
20 DIME	34
21 LA IRA	34
22 SOLO	35
23 SIMBIOSIS	36
24 CRUJIDOS	37
25 LA DESPEDIDA DEVUELTA	38
26 DESTELLOS, LUZ Y SOMBRA	39
27 ESTAR SIN TI	41
28 AVES SIN DESTINO	42
29 DETALLES	43
30 RAZONES DE VIDA	44

31 EL DOLOR 45
32 RUMOR 46
33 PARA SIEMPRE 47
34 ADIOS 48
35 PESADILLA 49
36 PÉTALOS DE GRACIAS 50
37 SIN PRISA, SIN PAUSA 51
38 IRAS SANTAS 52
39 BESITOS DE COCO 53
40 EL BIEN AJENO 55
41 TRISTE NIÑA 57
42 LÁZARO 58
43 SEÑORA ADVERSIDAD 60
44 ÁNGELES DE CUNA 61
45 PASTEURIZAR 62
46 ARTILLERÍA 63
47 EL MANANTIAL 64
48 DEMONIOS EN HIELO 66
49 CREPÚSCULO 68
50 EL HOMBRE DE LA NIEBLA 70
51 EL REDIL 71
52 ÍDOLO DE BARRO 73
53 VENCEREMOS 74
54 LA POSTA 76
55 ENGRANAJES 77
56 LADRILLO ROTO 79
57 ES OBVIO 80
58 EL MOMENTO EXACTO 81
59 PALIMPSESTO 82
60 TROGLODITAS 83
61 ISTAISMO 85
62 EL ESPÍRITU A LA VISTA 86
63 LA FUERZA DE LA RAZÓN 87

64 DEMENCIA ENCUBIERTA	89
65 EXTREMOS ALIADOS	90
66 AL BORDE DEL ASFALTO	91
67 2° DOMINGO DE MAYO	92
68 LOBO SOLITARIO	93
69 PLUMA EN RISTRE	95
70 DIA DEL TRABAJO	96
71 ESTACIÓN PERDIDA	97
72 ICEBER O ARRECIFE	99
73 DANDO TALLA	100
74 DE FUEGO Y DE AROMA	102
75 MIRA LAS ESTRELLAS	103
76 LUCKY	104
77 RUIN PIEDRA	106
78 ¡HEA NIÑO!	107
79 EDUCACIÓN INICIAL	108
80 LIMA	109
81 CARIÑO MALO	110
82 CHABUCA	112
83 PERSONAS	113
84 PIEDRAS INERTES	114
85 LABERINTO	115
86 NEGRO CRESPÓN	116
87 MA MERCEDES	118
88 PLENITUD	119
89 EL SONIDO DEL METAL	119
90 CANDIL DE ESTRELLAS	120
91 MUJER COMPLETA	121
92 TRONCO VIEJO	122
93 MELBA	124
94 HUYE	125
95 YA ME ENTERÉ	126
96 SANDALIAS EN EL CAMINO	127

97 EL COLOR DEL CRISTAL 129
98 ALERTA 129
99 FIN DE FIESTA 131
100 MIEL DE ABEJA 131
101 COLEÓPTEROS EN EL AIRE 132
102 ESTÁ BIEN 134
103 SI, ESTAMO HARTOS 135
104 RECONCILIADOS 137
105 DIVAGAR 138
106 SEGURO 140
107 VENDETTA 141
108 ALGO PERSONAL 143
109 A OBRAR 144
110 SIN DESMAYO 146
111 EL MANDATO 147
112 TERROR 149
113 MI DUEÑA 150
114 SIN TREGUA 151
115 DESENCANTADO 153
116 COMADREJA 155
117 LA PRÓXIMA EMBOSCADA 157
118 EL PRISMA 158
119 ARENGA 160
120 POLEN DE VIDA 161
121 TAIMADA Y FRIA 162
122 MEMORIA 164
123 LABRADOR 165
124 REGLA DE ORO 166
125 TAREA CUMPLIDA 167
126 LOS DESPLAZADOS 169
127 LOAS 170
128 ESCRIBIDOR 171
129 EL VIAJE 172

A PARTIR DE ENERO

A PARTIR DE ENERO

A partir de enero
a este lado del mundo,
algo está en calma.

Y no hay ni un alma
que al sol se resista,
ni siquiera a la sombra.

Y ya nadie nombra
a todos los trabajadores,
que tienen que culminar la obra.

Pues hay mano de obra de sobra,
en la línea ecuatorial donde trabajan,
sin tener otras opciones.

Y en todas las naciones
serán la cabeza de lista,
para la dueña de la guadaña.

Esa cruel sonrisa que no engaña
con la lista que formula más:
en otoño y en invierno.

Y venciendo el infierno,
solo algún vagabundo o loco,
cambiará de destino.

Pues con mucho tino,
se saltará las estaciones,
para que no le alcance la muerte.

Pero en muchos hogares la suerte,
les premiará con nueva vida,
en cualquier época del año.

Y así, beneficio o daño,
no sabemos lo que hacen...
los concilios de la vida y la muerte.

1. ¡LIBERTAD!

Antes del retiro entre ladrillos y cemento,
sentía que podía hacerme cargo de todo...
ahora, solo del pan fresco de cada día.

¿Cuántos comprar por la mañana?,
bueno... tantos por la tarde
y el antojito para el nene en crecimiento.

Nada de especulaciones esotéricas,
ni cálculos matemáticos complejos,
y de lo que quede... ¡budín!

A estas alturas lo fastuoso no importa,
ni los metales, piedras o cristales...
y tampoco las galas pasadas, alimentan.

¡Riiing! ... somos de CLARO...
Grrr ... por enésima vez:
nada de claro, oscuro, ¡ni escala de grises!

Y si vuelven a llamar,
tendrán galletitas de sonrisa y miel.
Tentador... ¿cierto?

Mmmm ... las alas raídas,
el viento en la cara,
se siente... ¡mejor!

2. ALEGRÍA

Cuando no hay necesidad
de trasnochar para escribir...
el día empieza más temprano
y puedo dejar extendido,
el cálido abrazo de la frazada.

Puedo dejar dormido aún...
al troglodita que persiste en mis genes,
y sacar a relucir el delantal de macho alfa,
para preparar la tortilla del desayuno
que satisfacerá a mi nieto engreído.

Y será el resplandor de lucero
de su inocente mirada...
la razón suprema que me exima,
de las preocupaciones financieras,
y las deudas emocionales con el mundo.

3. AUSENCIAS

Puedo percibir...
temblorosas gotas de rocío,
impregnando tus cristales,
rodando incontenibles,
hacia tu quebrada voz.

No es nada, me dirás...
pero sé que convulsiona el mundo,
que el sol va hacia su extinción,
y que “La Vía Láctea” va rumbo...

hacia “Andrómeda” en colisión.

Pero es dentro de tu corazón,
donde se siente la ausencia,
donde oprime el vacío...
de los que dejaron el nido,
en busca de su destino.

Y a mi voz corriente,
inocua agua de azahar,
le deslizo la avalancha,
cual dique natural...
que evite su desborde.

E intento justificar:
debemos tener confianza,
es el mismo recorrido
que nosotros ya hicimos,
para darle forma a nuestro nido.

Pero esas dolidas ausencias,
a veces están en esos espacios,
a los que no tenemos acceso:
en la palma de sus manos,
con forma digital.

4. DOMINGO 7

La humanidad aprendió
a sobrellevar las estaciones,
a tornarlas amigables,

a volverlas productivas.

Y el tierno brote
de chicos enamoradizos,
y niñas de risa fácil…
se hizo atemporal.

¡No te hagas palta!
"No te vuelvas verde",
asimila el cambio…
son cosas de la edad.

Es cierto…
la vida es un prisma,
con matices de color
del cristal con el que la mires.

Para unos es un "cambio",
para otros un "error",
de estas variables…
el universo está hecho.

Lo importante…
es que a la humanidad
se le permita recibir,
el inicial "soplo de vida".

"Alguien" debe disculparse,
y/o anotarse para el traje,
según sea el caso…
de "madrina" o de "padrino".

5. DULCE

Sé que no hay nada nuevo,
que yo pueda decir…
pero el día estaba oscuro,
y de pronto ¡salió el sol!

Cuando el juego…
estaba perdido,
y dejó de ser juego,
es que… ¡llegaste tú!

Nada tienes que darme,
nada yo que pedirte…
todo está en su lugar,
solo que… ¡eres tú!

Nada de aureolas,
ni de ningún misterio,
todo dentro de lo humano,
y ahora… ¡estás tú!

El agua corre,
debajo del puente,
y el cántaro está lleno…
del agua de la fuente.

Bueno… ya no cántaros,
ni fuentes ya lo sé…
pero en el simple lavabo,
se oye tu dulce voz.

6. ESCENARIO

Hay un manto oscuro
que viene del pasado,
agazapado en recuerdos…
nublando nuestro cielo.

Lo presiento en tus reproches,
en tus manos temblorosas,
en un dique a punto de desbordar,
en el cristal de tus pupilas.

El pasado, está pasado…
de él solo hay que tomar,
cual, del cielo estrellado…
¡lo que llegue en forma de luz!

Los actores de ese tiempo…
no son las mismas personas de hoy,
ya no tenemos los años mozos,
y aprendimos la lección.

Tus listas…
y mis listas…
¿incendiarán la pradera?...
¿para qué?

Todos tenemos…
algún drama entre manos,
un guion para seguir…
y un final que podemos escribir.

Pero al bajar el telón,
hay que quitarnos las caretas,
dejar a los personajes y esperar...
¡a que aplaudan la función!

7. FARDOS DE ALGODÓN

El ininterrumpido tronar de las máquinas,
desmotadoras, cardas, pabileras y continuas,
deshilachaban mi endeble existencia
en tres turnos, tantas veces...
que me arrepentía de mi vocación de mil oficios.

Hasta que dije: eso no es bueno,
y no llegué a la conera.

Sucede que mis manos en la hilandería
tejían la ilusión – lo recuerdo bien-,
de llenar el sobre de granos,
para saciar el hambre de nuestra prole,
protegidos por tus alas y mil amores.

- Ha faltado otro maquinista...

no marques tu tarjeta...

Y pesaba tal bellotas de algodón,
el sobrepeso de mi carga de fardos,
cuando el silencio de satisfacción
dentro de nuestro cálido hogar,
a veces me alcanzaba.

Ahora, al amparo de la noche oscura,
solo son memorias de blanco algodón.

8. FELICIDAD

Desde antes que el sol
despunte en la mañana,
tan considerada...
todo lo hace despacio,
y con leves pisadas.

Hasta el refunfuñar,
retirando la cálida frazada...
disciplinada camarada,
la compañía encarnada,
en un noble ser humano.

Si, terrenal...
tal cual todas las mujeres,
poniendo todo en orden,
dosificando recompensas,
recordando los deberes.

Con el cabello descuidado,
pero limpia la mirada,
fuerte los brazos,
la ruta determinada,
para los objetivos trazados.

Ya no hay alas de mariposa,
ni la seda roza al cardo...

y en eso consiste la magia:
¡Es absolutamente terrenal!
y yo comparto su lecho.

Todo puede estar deshecho,
tal vez sea el último día,
pero es su compañía,
la que da sentido…
a todo lo que creador ha hecho.

9. LA MAGIA DEL VAIVÉN

Tal vez hice algo bien,
para que el leve vaivén
de tus recuerdos,
roce mis sentidos…
tal vez.

Ese vaivén,
del péndulo que,
en un instante ideal,
completa el círculo,
de tu imagen única.

Es cierto también…
que es la hora,
del vaivén
de las hojas secas,
con vientos inciertos.

Mas…
no hay nada bajo el cielo,
que amenace cambiar,
con ningún vaivén…
nuestro (el tuyo y el mío) pasado.

10. OSITO PANDA

Cómo expresar la ternura,
de ese lacónico ronquido,
y esos ojos enormes,
de un cristal pulido
lleno de ternura,
en el que se convierte…
mi demonio de Tasmania.

Ese que me quiso devorar
con zapatos y todo,
por quererle controlar,
la comida chatarra
y el mando de sus juegos,
esos, los de nunca acabar,
en pantalla led, lcd, ips, oled (o qué se yo).

Parece que…
nunca hubiese hecho nada,
que es otra persona,
distinta a la que, a toda costa,
hasta a su sombra quiere ganar,
haciendo pausa solo para,
su gula saciar.

Claro que este niño sabe...
con qué moneda pagar:
con carita de pena,
con mimos y risitas,
con súplicas de perdón,
de que no volverá a suceder...
que el abuelo, siempre aceptará.

Bueno, él dirá:
el abuelo no entiende nada.
Si pues...
en mi tiempo no había
WhatsApp, ni hands free...
pero, nunca entenderá la emoción,
de aquellos teléfonos de pabilo y lata.

11. POR LAS SEMILLAS

Cuando dices que eres feliz,
aquí y allá...
sé que se te anuda el corazón
en cada peregrinaje...
al no poder partir el corazón,
y estar en todas partes.

Y entiendo,
que, en cada viaje,
de ida o de vuelta...
estás a la altura de la luna,
entre la tierra y las estrellas,
sostenida por una fuerza gravitacional.

Sabiendo que...
en la nebulosa en la que estamos,
no dejamos de añorar,
lo que estuvo unido,
como una sola persona,
en el vientre maternal.

Ahora sé que a la distancia:
la imagen y la voz...
solas o en telemática,
no bastan para aquietar la emoción,
y que solo el acto de presencia...
es lo que toca el corazón.

12. TIEMPOS DE VALOR

La dolorosa cintura
al final del sinuoso tobogán,
los ojos de pez fuera del agua,
sobreviviente, naufrago,
de la piscina...
refrescándome la mente:
todo tiene su tiempo.

Como esos tiempos de la humanidad,
en los que solo se hacía trueque,
para luego dar paso al sonido del metal,
y después, hacer artificios intangibles,
como las compras a futuro,
con resultados inciertos...

en las bolsas de valores.

Y los valores se volvieron relativos:
el producto de un pincel,
de una pluma,
de una sazón,
de una imagen,
una voz, etc., que valen más...
que cualquier gema o metal.

Pero el tiempo es oro
y debo volver al principio:
Quién me dice que me ponga
con aires veraniegos,
con nuevos bríos,
¿a la altura de mis nietos?
¡Un doctor, por favor!

13. MARÍA DOLORES

Aun tiran de tu falda tantos
recuerdos que enseñaste a trabajar,
aún toman de tus risas y tus llantos
campanillas de voces y manjar.

Hoy que estoy en mi voluntaria cuarentena,
has venidos a ordenar mis lágrimas cuadradas,
a desechar las bagatelas compradas,
abriendo las persianas con tu mirada buena.

Madre amorosa de tus hijos, piadosa...
¿por qué te desvives más allá de las estrellas?
¿no te llenan de amor todas ellas?
¿no hacen rondas tomadas de tu mano virtuosa?

Déjame hacer mis cosas ya crecí lo suficiente,
ya encontré las aguas de esa escondida fuente,
ya regué mis semillas y dieron nuevos frutos...
todos ellos muy lindos, audaces y astutos.

Y a esta hora de penumbra, de la tarde,
ruega por nosotros, el mundo está que arde,
pide al Gran Maestro o al misterio de los Tres...
-antes de que sea tarde-, que me pongan a sus pies.

O mejor, pon énfasis en las tildes...
mi individualismo corta con una sierra,
y procura que le den en esta tierra,
el bienestar a los más humildes.

Ya sé, soy un fastidio, no te dejo descansar,
como siempre soy el caos, la oveja negra...
nuevamente mejor, este asunto desintegra,
y suplica, que no me dejen entrar a tu lugar.

14. MONEDA DE COBRE

Por una moneda de cobre,
¿qué podría darme?,
¿acaso, el paraíso?

¡Ups!, la magia se deshizo,
la cola en la caja se alborota…
¿y esas miradas que matan?

A este loco ¿porque no lo atan?
ya no se usa quicios en el piso…
el dinero ahora ¡es digital!

Ya no hay trueques con sal…
Ni se usan pluma fuentes,
¡que salga de la fila!

La compra a un lado se apila,
la moneda de cobre rueda…
son tiempos de zozobra.

Soy yo el que ¿sobra?,
el que queda de respaldo
¿en el relato de la historia?

Se ha calmado la euforia,
mi pariente entrega la tarjeta…
y sonríe de buena gana.

Mi mente se aplana…
me susurra al oído: todo cambia,
y yo me quedo pensando:

¿Desde cuándo?,
¡las palmas de las manos!,
no cambian desde la prehistoria.

15. "N"

Tengo "n" razones
para la meditación...
y la certeza de nebulosa,
para lo verdadero, lo falso,
la ambigüedad, o la nada.

Tengo "n" razones
para la queja,
y un barril sin fondo
en la memoria,
para poderlo almacenar.

Tengo "n" razones
para la ira,
y un lago
claro y limpio,
donde poderla ahogar.

Tengo "n" razones
para el reclamo
de tu presencia,
y la danza sensual
de una sarcástica nostalgia.

Tengo "n" razones
para el llanto,
y un espejo
lleno de reflejos,
donde poderme mofar (de mí mismo).

16. QUE PASE EL REY…

Así desnudo te quería encontrar,
con una mano en la toalla…
y una sorpresa en la cara.

Para que tu disposición manara,
de escuchar a este viejo loco…
que te quiere recordar:

La madre cansada está de bregar,
con todas las tareas de la casa,
mientras el señorito…

Con un solo grito
pretende obtener…
todo lo que se le antoje.

Incluso que se despoje
de su autoestima…
y le rinda pleitesía.

Claro, ella todo lo rocía
con sonrisas y candor,
de su profundo amor.

¿Y usted señor?,
de todo cuanto puede…
se aprovecha.

¡Ponga la cara derecha!
Me parece que ya entendiste,
que se debe tomar y dar.

Y tienes mucho para otorgar...
no solo en buenas acciones,
si no, en todas las consideraciones.

Pues ella en sus meditaciones,
piensa que no se merece nada...
y lo merece todo, solo por darte la vida.

17. QUIMERA

Antes de saber usar un pañuelo,
antes de que mi voz se volviese grave,
antes de forzar alguna atroz rima,
yo solía planificar todas mis citas.

Con algunas dudas benditas:
en tal lugar y pose, a tal hora ...
pasando del aplomo al dilema,
repasando febrilmente el libreto.

Y nada resultaba, ¡qué aprieto!,
¡qué humillación!, ¡qué vergüenza!,
no se cumplían mis expectativas,
incluso las más simples y al azar.

En vano me ponía a rezar,
y error, tras error,
un día me vi a tu lado...
sin haberlo planeado.

¿Quién lo hubiera pensado?
me cautivó tu forma de mirar,
tenías todas las formas de la dicha,
¿casualidad, error o coincidencia?

No podría explicarlo la ciencia,
solo que unidas nuestras manos,
sentimos el aleteo de mariposas,
y la atracción de la flor y el colibrí.

Claro que nada nuevo descubrí...
solo que el pasado ya fue,
y el futuro también...
la vida, ¡había triunfado!

No hay libreto asegurado,
aunque nada haya pasado,
y se sienta que nada pasará...
la vida es una espléndida quimera.

18. SIEMPRE

Hoy florecen todas las flores:
rosas rojas, rosas blancas...
en macetas o jardines con bancas,
y cestos llenos de mil amores.

A poner de fiesta el hogar...
a correr las persianas,
abriendo todas las ventanas,
en cualquier momento o lugar.

A todas las cosas saquemos brillo...
Con ahínco al color amarillo,
para nuestra madre inmortal.

A flor de piel o desde un portal,
juguemos a la ronda con alegría...
toma mis manos ¡Oh! madre mía.

19. SIN ATADURAS

Cuando alegra la sombra de tus ojos,
cuando ilumina tu mirada,
cuando sonríes,
en cualquier etapa de tu vida...
dando talla de ejemplo.

Ni diva, ni mendiga,
Serena, sobria...
como me gustas,
mujer, mujer, mujer,
mi niña, mi orgullo.

Como tierra fértil...
en época de sembradío,
de brote, de flor o de fruto,
incluso cuando todo marchita...
sigues con algarabía, tú.

Puedes cumplir...
con tus designios normales,
con tus obligaciones naturales,
ni más, ni menos, que todos,

como persona.

Mas, desbordando la fuente,
sobre prados, pendientes y riscos,
naciste de un manantial,
renuente a estancarte...
para discurrir y ser: ¡libre!

20. SOLO TÚ

La primera sensación
del tiempo y del espacio,
sin saber nada de nada,
con los ojos cerrados,
mi única certeza...
el universo, tú

Leve luz de un candil
despejando las tinieblas
antes de las horas del alba,
la melodía de tu voz
meciendo mi cuna...
mi heroína, tú.

Cuantas cosas te diría,
sencillas, innecesarias...
pues nada pides,
y a cada instante
todo lo das...
hasta el aire que respiro, tú.

¡Qué risa!, soportando...
mis lágrimas de cocodrilo,
observando mis bobadas,
hasta que, en estado elemental,
en el crepúsculo de mi vida
en mi cabecera estés, tú.

¡Oh, madre mía!
disculpa el egoísmo
de mi condición material,
tomando de tus manos
más de lo que debiera...
madre de todos los hijos de la tierra, tú.

21. TIEMPOS DE ESTOICISMO

Aroma de flores rumbo a casa,
ya con sus pálidos o encendidos colores,
ya con sus discretas o atrevidas poses,
tal cual sus temperamentos mil...
a nadie le importa si tienen dueño,
mas todos sabemos por qué son así.

Antes, anduve por calles y senderos,
de cristales, fierros y cemento,
pero hoy estoy aquí...
sobre campo verde y tierra fértil,
con gente sencilla de sonrisa afable.
El demonio nunca estuvo aquí.

El amor y el ensueño
tienen espacio ilimitado,
pero siempre, tiempo definido...
pero eso me tiene sin cuidado,
pues espero a una planta de mi jardín
que duerme plácida en grata espera.

Hasta que, en primavera,
tímida pero decidida...
brotarán sus hojas altaneras,
como espadas desenfundadas,
cortando la luz y el aire
con cantos de victoria.

En este lugar,
en este tiempo...
yo no cobijo nostalgias.
Las flores que quedaron en el pasado,
las tomo como regalos que adornarán
a la única flor que hoy espero.

22. TU OBRA

No se percibe a veces
pero convulsiona la tierra,
desde el inicio de la creación,
hasta nuestros días...
como un pulso de vida.

Más esto es algo personal...
lo seguro es que el creador

decidió mi existencia;
pero fue tu voluntad,
la que culminó su obra.

Con el fuego de tu fuente
se forjó torbellinos de alegría,
con la anuencia de la concepción,
se transformó en canticos y arrullo,
toda tu entraña y mi existencia.

Nada se logra con quietud,
tu decisión obró el cambio...
desde el magma de la tierra,
hasta el resplandor de la noche,
o la plenitud de la luz del día.

Desde entonces bajo tu manto,
este retoño que se te parece,
dio los primeros pasos...
y empezó a contar con los dedos,
todos los días de su vida.

23. VEN A MIS BRAZOS

Solo sabes llorar...
¡llora!, llora, ¡llora!
con tu frágil corazón,
¡cobarde!, te decían...
mientras tu voz se deshacía
en dar explicaciones que no escucharían,
aquellos que carecen... de corazón.

No se debe ver los accidentes
como pedazos de gente,
o el derrame de fluidos...
eso es enfermo y no tengo palabras,
para poderlos describir.
Pero convoca a millones
de fatuos espectadores.

Y no hablo de accidentes de tránsito,
por ejemplo...
si no de aquellos
que son ajenos a las miradas,
de los simples espectadores,
porque son los que toman tu alma
y la despedazan.

Cuando te arrebatan
los frutos de tus entrañas...
algo que creías
que eran parte de ti,
hasta el día en que te mueras.
A pesar de los simplistas que pregonan:
viniste sola, y sola te vas.

Esos son los malhechores
que se valen de las leyes,
o de los hechos consumados,
porque te quieren lastimar.
Cuando con coherencia planteas,
que aquello que los unía antes,
en los días buenos... ya se esfumó.

24. YO ¡FELIZ!

Como nadie pregunta por mi vida,
puedo contarla o decir lo que sea…
es como la de muchos, cuesta arriba,
con algo de mochila y nada de presea.

Quise abarcar mucho, es decir todo,
en verdad creo que nada me satisface…
aunque siempre sentí zanahorias a modo,
de jumento, para que nunca las alcanzara.

Yo hice de todo para alcanzarlas,
y no me di cuenta del carretillero…
diciendo ¡vamos!, ¡dale!, fiel compañero,
él tiene la mirada en el camino y las riendas.

Las ruedas y la carreta sonaban,
a orquesta de cámara y música celestial,
y tanto, tanto, era mi labor bestial…
que no oía que desde la carreta me arreaban.

Ya me parece que nada nuevo digo,
y lo que dijo alguien se me quedó encriptado.
¿Qué otras cosas hice amigo?…
porque, nunca he descansado.

Ya sé, aspiré de alguna ingenua flor,
y también bebí de algún cristalino rocío,
la luz del sol miraba con temor…
y nuca supe del libre albedrío.

Pero, ¿qué es la vida?,
tal vez, un asunto metafísico,
en alguna palabra intrínseco…
mas ahora, me preocupo solo de mi comida.

25. A UN LADO DEL CRISTAL

Todo se ve gris tras del cristal,
y la ciudad está en tensa calma…
a la espera que cese el temporal.

Aquí donde nunca llueve,
la garua es tempestad
que agita corazones.

Mientras juntas las manos,
algún surco ruega…
¡que no cese de llover!

Hay motivos…
de aflicción y de alegría,
dependiendo del lado del cristal.

Ciérrale la puerta a la nostalgia…
y no dejes correr el agua,
¡atrápala!, que no llegue al mar.

26. ALGO

Yo no entiendo a los poetas.
Me siguen en sueños sin reserva,

con dientes de genios y locuras,
pasando de frente al alcanzarme.

A veces son collages
de ideas inconexas…
Otras de métricas, rimas y ritmos,
remeciendo los sentidos.

Ellos seducen con luces y cantos,
con aromas y sabores, encriptados,
tomando de narices a los despistados.

Y susurran casi siempre:
¡Oye amigo!, ¡oye hermano!,
despierta a la vida… ¡Vive!

27. ANÉLIDA PERORATA

A mí me resbala el lodo,
y de la tierra húmeda…
me embriaga todo.

Soy amiga del labriego,
huyo de las alimañas…
y de la luz soy enemiga.

Pero ahora me matan,
esas enormes lozas…
que por doquier plantan.

que me quitan la labor,
de fecundar la tierra…

y a mis semejantes destierra.

Y si, por mis atributos de género,
se encienden sus mejillas...
deberían ahogar sus chillas.

Pues sin ningún rubor,
los hombres a su paso van...
arrasando todo lo que alcanzan.

¡No desaten mi ira!,
con sus arrebatos suicidas.
de preferencia hacia los pesticidas...

Debieran ser como nosotras,
incesantes obreras de la tierra...
haciendo el amor y no la guerra.

Y si nuestro destino está bajo el suelo,
ustedes, con todo a sus pies...
y con tanto talento ¿a dónde van?

28. CADENAS

El momento que más disfrutamos,
es de ese último minuto
que en la cama quisiéramos ...
que durara para siempre.

El momento de retozar,
al reventar la luz de la mañana...
justo antes de sentir que estamos atados,

a cadenas de la realidad.

Antes del drama, del dilema en la conciencia,
de usarlas como herramientas,
o de arrastrarlas como lastre.

Bueno, no me cambien de tema.
que está suave la almohada ¡caramba!...
y aún me faltan segundos de libertad.

29. CAMBUCHES(*) EN EL AIRE

Cambuche de papel
de deshojado cuaderno,
atado con hilos de bordar
¡cómo no te voy a recordar!

Cómo te resistías al vuelo,
en mano del niño que carreteaba,
cual ganso al despegar...
¡Qué risa, júbilo y libertad!

Cometa tan simple,
volando con tal encanto,
que nadie podía ignorar:
tus piruetas y falta de rumbo.

Juntando a los niños en bandadas,
desplegando sus alas,
para poderte alcanzar...
en tu cadencia inmortal.

Hasta que, en algún momento...
cansados, seguían corriendo,
pero tras de una pelota de trapo,
rodando hasta el arco que esperaba:

En una casona de quinto patio,
un callejón de un solo caño,
o cualquier mansión...
donde había calidez de hogar.

Vuela muy alto cambuche de papel,
mientras el niño sume con los dedos...
pues luego, progresiones aritméticas insensibles...
latirán dentro de su pecho.

Nota(*): "Cambucha" en otros cielos.

30. CAMINOS DE VIDA

Gracias a todas las voluntades
que hicieron posible el camino:

A los que iniciaron el sendero,
a los que lo afirmaron.

A los que tendieron puentes
en sus torrenteras.

A los que hicieron las cunetas,
esos, que facilitan el drenaje.

A los que están proyectando
los arcenes y bermas.

Esos guardacarriles y mallas,
que lo hagan más seguro.

Gracias por las señalizaciones,
etc., etc., etc.

Caminos donde no se transite en soledad,
ni se necesite hacer camino al andar.

Porque ya está trazado el destino:
el norte de nuestro hogar.

Pero, especialmente:
a los que lo hicieron por el bien común.

A los que lo cuidaron, convirtiéndolo…
en un “camino sin huellas”.

Lleno de bondades,
para los que aún están por pasar.

31. RECUERDOS

Desde el aleteo de un ángel,
hasta echar candela…
todos los matices están allí.

En lienzos que son recuerdos,
que inevitablemente retocamos…
cada vez que los evocamos.

Y en nuestras manos está…
el pincel de trazo subliminal,
o el que todo lo ha de arruinar.

Si el recuerdo es de dos,
será de partida doble…
y en un tiempo, se multiplicará.

Si es de más personas,
se volverá un prisma…
que ha de servir para contrastar.

Y la realidad, ¡pobre realidad!
ninguneada en el pasado…
con mirada de asombro está.

Por eso abrazo a mi presente,
que en el futuro, recuerdo será…
para que me observe con amabilidad.

Con la felicidad…
de una: crema violada,
¡Ups!… ¡perdón!, “crema volteada”.

Estas máquinas no ayudan,
grrrr...
¡Renuncio a este recuerdo!

32. CLAROSCURO EMOCIONAL

Claro que hay días,
en los que hay que quitarse las espinas
y abrir trochas para poder avanzar...
evitando el facilismo de cerrar los ojos,
ante el peligro de chocar.

Días para discernir
sobre todo lo obrado,
cotejándolo con la realidad,
y cuantificar...
¿Hasta dónde se ha avanzado?

Y no es la dimensión
expresada en pisadas...
si no el valor para pisar,
sin pisotear en el intento,
o para volverse a levantar.

Esos días con pasos,
en los que el último aliento
es para ahogar los quejidos,
abrazar a nuestro pasado...
y decirle: ¡mi hermano!

Momentos en los que,
nuestro espíritu puro...

que se mantiene inmaculado,
se compadece de la carne y hueso,
de nuestra humanidad.

33. EL IMPERIO DE LA FUERZA

¡Pucha!,
¿en qué tiempo estoy?
¿en qué edad, era o cron?

Anoche soñaba que mi especie,
destacaba de las demás…
por el uso de la razón.

Y resulta…
que tan solo era un artificio,
para el imperio de la fuerza.

Esa, la de "la ley de la selva",
donde "la cadena alimenticia"
es lo único que importa.

De poco ha servido la luz…
de enciclopedistas e ilustrados,
y toda la sangre derramada.

Todos ven dentro de su burbuja,
solo lo que les aprovecha…
o lo que les conviene.

Nadie presta oídos,
al llamado a la conciencia…

de todos los credos.

Y todas las voces silencian
las palabras del cordero...
solo resuenan: las de Adolfo y Barrabás.

34. EL PUENTE

Todos tomaron el atajo del puente,
todos tenían para el peaje,
todos llegaron más rápido...
al final de su sepulcro.

Mas alguien quedó rezagado,
contemplando el horizonte,
oyendo el eco de aquellos...
que alentaban ¡a cruzar!

También culpaba al destino,
de no tener para el peaje,
de tener la ruta de desvío,
como única alternativa.

He hizo su propia ruta,
donde no había camino,
por sendas de herradura,
con los pies sobre la tierra.

Y llegando al rio...
lavó su rostro,
refrescó su mente,
oyendo un rumor profundo:

Nada tienes que hacer
al otro lado del puente,
ni en medio de mi corriente.
Solo toma mi brazo ¡urgente!

Que sediento el campo,
con impaciencia espera,
que trabajes la toma, el canal,
del agua que han de beber tus plantas.

Con tus manos como herramienta,
el acogedor sembradío te espera,
lejos de las producciones en serie
y toneladas de desperdicios y basura.

35. INEXPLICABLE

No sé qué pasa…
pongo vallas delante de mí,
antes de ser abducido,
diluida mi conciencia.

Intento ser amigable,
pero voy a todos lados:
infierno, purgatorio, cielo,
y dimensiones desconocidas…

Múltiples y únicas a la vez:
atrás, al lado, delante del tiempo.
Arriba, al centro, abajo, del espacio…
en explícitos o encriptados mensajes.

Donde el nacer y el morir, es lo obvio,
mientras al medio todo es permitido,
todo es censurado, manipulado,
y la certeza se elude de las manos.

Nada puedo excluir –incluso yo-,
objetos, personas, entes:
sublimados, degradados,
o presencias sin sentido.

Donde todo parece realidad:
todo se me es concedido,
todo se me es negado...
de acuerdo al subconsciente.

Hasta que escucho a mi voz:
Mientras el cuerpo descansa,
trabaja la mente de modo inexplicable,
tomando lo que puede, antes de despertar.

Ahora estoy aquí,
estando por estar,
a merced del viento...
que sopla sin hacerse notar.

36. LA SUMA DE LAS HOJAS

La muerte es la celadora
que vela nuestros días,
a tientas, o desenfadada...
sin el más mínimo sentimiento.

Tanto para el más encumbrado,
como para una humilde hoja,
que, al desprenderse de la rama,
sabe que su misión está cumplida.

especialmente de esa hoja,
que sabe que su importancia
no radica en sí misma...
si no, en la suma de las hojas.

Raíz, tronco, ramas, frutos...
que nadie presuma de su condición,
nadie escapará a la noche eterna,
nadie, al soplo de la muerte.

Y mientras cuelgo de un hilo...
¡Oh! Sol... dame tu calor,
viento mece mis sentimientos,
savia... recauda el fruto de mi labor.

37. ¡OH PESADILLA!

No, no creo en el demonio...
y el averno de mis pesadillas,
son solo sueños...
y los sueños, sueños son.

Pero en el horror presente,
cielo, infierno y purgatorio,
cual abominables vómitos...
¡Pasean juntos!

Mezcla hedionda…
que en este negado sueño,
viértase alrededor…
¡Despertadme!, por favor.

Pero despertadme con voluntad…
que no sea la pesadilla,
de andar despertando…
rodando de un sueño a otro.

Que no me atrape el demonio…
no sea que confunda la realidad,
que es más tenebrosa que las pesadillas,
y me pase al sueño ¡del nunca despertar!

O peor aún…
que, en este charco de la realidad,
se refleje el rostro del demonio…
¡en mi propia faz!

38. LA PUERTA DE LA CASA

¡Claro que no digo nada nuevo!,
ni me importa quien fue primero…
la gallina o el huevo.

Lo que me importa y quiero
es ahora mismo…
evitar el puñal artero.

El encubierto cinismo
de dar regalos y calvario,

en vez de dar el corazón mismo.

El despreciable anuario,
en vez de la sencilla continuidad
de mirarse a los ojos a diario.

Me importa el sencillo acto de bondad
de atarle lo pasadores del zapato,
como una ofrenda de verdad.

No al mendrugo de un plato…
si no a la persuasión de la palabra,
y a un sentimiento profundo y nato.

Que la puerta no se abra
para que alguien deba marcharse…
salvo, para la indiferencia macabra.

39. MULTIDIMENSIONAL

¡Oh existencia!,
que juegas al juego
del gato y del ratón.

Cuando sea el momento…
tú ganarás la partida
pero el final del juego, yo.

No por salvar el pellejo,
si no, porque me iré primero…
y ti te tocará bajar el telón.

Tú con la satisfacción
de un triunfo que jamás perdura…
yo, con mis quimeras y mis dudas.

¿Pero a ti qué más te queda?,
¿mover la ruleta del universo
para encontrar un nuevo actor?

¡Pobre existencia!,
sujeta a la palestra,
de una función sin final.

Y no podrás contar conmigo,
pues sabes que nadie ha vuelto,
de la dimensión desconocida.

Luego, si existe la posibilidad…
con mucha exaltación o apatía,
tal vez yo sea: ¡el espectador!

Ahora, si no pasa nada de nada,
y la materia se transforma, o queda
solo escombros de ella, entonces…

Habrá testigos mudos de la ruina,
de otro escenario del bien y del mal…
que es lo que somos, cada uno de nosotros.

40. ¿NORMAL?

Sin saber del Dios de Jacob,
sin tener noticias de Cristo…

almas errantes con paciencia de Job,
lidiaban con gente de armas ¡listo!

Lejos del pueblo privilegiado,
¿quién los habría creado?,
nadie tiene la explicación,
y solo Cristo los reconoció con su expiación.

Más para muchos...
Él llegó algo tarde,
y condenados al fuego que arde,
se convirtieron en filósofos duchos.

Sofistas, escépticos y otras especies,
dijeron: "la humanidad se basta a sí misma",
Otros daban duro con los puños, con los pies...
apelando a la "razón" o a la óptica del prisma.

Y desoyendo la voz que les decía anda despacio,
afirman que el hombre fue arrojado al tiempo y al espacio,
y su alma se crea y se llena con conocimiento...
yo ya no sé ¿qué pensar?, no les miento.

Y recogiendo de Platón: "los hombres no son iguales",
las élites dominan, claman y ejercen "el poder" ...
en contra del ideal de la clase media ¡joder!,
"del bien común" y de romper las cadenas anormales.

Para colmo de males, estos demonios pensantes,
nos atormentan con racionalismos de la existencia,
la verdad, la moral, la ética, etc., pierdo la paciencia,
y clamo mi burbuja de bienestar, ¡la de antes!

41. OCIO INFALIBLE

Cuando el sueño se torna esquivo...
yo tengo un "as" bajo la almohada.
De allí saco todos los artificios posibles:
imágenes de todo tipo de modo aleatorio,
sin permitir quedarme con ninguno.

Al principio la mente se resiste
a los conceptos, ideas, figuras,
hasta que cede a mi insistencia,
con formas raras, inexplicables,
e incluso en gama ¡de colores!

Con mezclas incomprensibles,
hasta dar estructura incipiente,
a símbolos, recuerdos, revelaciones,
que no obedecen a mi voluntad,
y no permito sean permanentes.

A veces me sorprendo...
con cosas nunca sospechadas:
raras, agridulces, temibles, gratas...
hasta que, en un instante, ¡nada!
Y que jamás recuerdo al despertar.

Cuántos desvelos improductivos
me hubiese ahorrado,
de haberlo sabido antes.
Y ahora tengo otra gran meta:
ejercitarlo, ¡a la hora trascendental!

Es decir, eso es lo que quisiera,
pues puede suceder...
que esa hora se prolongue,
y me cobren aquí las culpas
que no supe redimir... ¡antes!

42. ¡OH VIDA!

A veces es mejor,
dar un giro inesperado
en el fragor de la batalla.

Respirar profundo,
ponerse tras de la trinchera,
y dar tregua en la lucha.

Dejando para más tarde
la decisión del siguiente paso,
dando una salida decorosa a la derrota.

Echándose a la espalda...
el ¿cómo?, ¿dónde? y ¿cuándo?
del dilema existencial.

Ese que nos dejaría sin uniforme
ante el escrutinio de la historia...
acostumbrados al engaño de la bandera.

Aquel que nos dejaría absortos, desnudos,
cual llegamos al mundo,
y sin guarida.

Admitiendo que muchas veces,
errores propios y ajenos,
nos alcanzan sin remedio.

Pero que nadie se engañe…
podemos quedar desnudos en estos casos,
pero la plaza… ¡no se rinde!

Entendiendo que este mal día,
nos dará el derrotero
para alcanzar… ¡la victoria final!

43. OSADÍA DE POLVO

Ya sé que suelo decir:
"todo está bien" …
y procuro lavarle la cara
a la realidad.

Mas, la cruda verdad
tiene miles de trucos
escondidos bajo la manga,
para salirse con las suyas.

Y me muestra su rostro
dúctil, maleable e inestable,
tanto de pena como de ira,
según su conveniencia.

Mientras entre sombras,
siento la sospecha tétrica,

de algún beso de judas...
que condenará al justo.

Para arrojarme a la mar
impredecible de la duda...
arrancándome la fe
de caminar sobre el agua.

Luego, de nada vale
la búsqueda resiliente
de algún peñón esquivo,
para poder asirme.

Y peor aún...
cuando alguien
espera de uno,
ese peñón de amparo.

Entonces... cómo decirle:
aún estoy en búsqueda
de poner el dedo en la llaga,
para poder... ¡creer!

44. INKA

La roca de su genio y carácter,
lo bronco de su "Quechua",
era para todos sus súbditos
una orden de igualdad...
un "topo" de tierra para cada uno,
y cada uno con su tributo establecido.

Desde la multitud de "Saqsaywaman"
y el fervor del "Qurikancha",
hasta el retiro con su padre "Inti"
en las cumbres de "Machu Picchu",
un rayo de sol le llevaba...
en su propia anda de oro.

Era tal su linaje,
que las nubes debían acompañarle,
los rayos humildes debían saludarle...
sus vasallos, las retamas y orquídeas,
debían reverentes inclinarse,
por interminables escalinatas,

Y a su paso...
su guardia coreaba
"Ama Sua",
"Ama Llulla"
y "Ama Quella",
mandatos para su "llacta".

Él era soberano
de todos los "runas",
y ninguno jamás reclamó,
algún hambre o sed...
ni siquiera de justicia,
pues había de todo en abundancia.

Y con el paso del tiempo,
resuelto el conflicto
entre el antiguo
y el nuevo mundo...

es el clamor general:
¡Que retorne su figura!

También es necesario
que se corrija la infamia,
de llamar "indios"
a sus descendientes,
pues a estas alturas de la historia,
lo que somos, es: ¡"personas"!

45. UNIDAD

Yo quiero a mi patria... viva,
como a una sola persona,
abrazada a su bandera.

No la quiero abrumada,
desgarrada, atomizada, o...
bebiendo del cáliz de la muerte.

No la quiero caricaturizada...
herida de los pies descalzos, hecha jirones,
y peinada con glamour, retoques y prebendas.

No la quiero seducida por anarquías...
nada de demolerla y volverla a construir,
porque no es un objeto.

Nunca a merced de los iluminados,
trasnochados termocéfalos o caudillos.
Solo guiada por el cálido compás de su corazón.

Yo la quiero porque es mi hogar…
diversa en su cielo, mar y suelos,
rica en sus ideas, múltiple en su gente.

Yo la quiero evolucionando…
con la fuerza de la razón, con justicia,
con la voz ronca de canto y de alegría.

46. MACHU PICCHU

Observaba el soberano
al astro celestial…
con su luz en el cenit,
que a todo eclipsaba.

Y con sus rayos doraba
un sembradío esencial,
cada grano de la planta
y su respectiva cabellera.

Era matemática la manera,
en la que se apilaba en la mazorca,
el maíz en filas y columnas…
que el Inca hacer lo mismo quiso.

Y piso tras piso…
en las cejas de la selva,
dispuso roca sobre roca,
en la cumbre y al filo de una montaña.

Esculpan con maña…
ordenaba con voz bronca,

con herramientas rudimentarias,
para el colosal proyecto.

Él aspiraba a un contacto directo
con los seres de la vía láctea,
donde el "Inti" era el rey
de todo el universo.

Y estaba el Inca tan inmerso,
en perfeccionar la ofrenda,
al ser que amaba y admiraba
como a un padre supremo...

Que no calculó el extremo,
del fin de su dominio,
por feroces extranjeros,
antes de poder culminarla.

Y estos no pudieron profanarla,
porque allí no había tesoros...
y no sabían que las rocas en sí mismas,
valían mucho más que el oro.

Allí nunca se pronunció "Dios te adoro",
porque en quechua no existe
la palabra: dios, ni adorar...
y la Cruz... ¡llegó muy tarde!

47. CANTO DE VIDA

Pasa, pasa, la franela…
a la lámpara mágica de la vida.

Friega, saca la mugre…
lima duro esas aristas del alma.

Toma la escoba, el recogedor…
y deja sin escombros, ni espinas el camino.

Toma tu pañuelo…
y seca la frente de tus camaradas.

Realiza esas labores…
que los encumbrados desdeñan.

Multiplica las migajas…
que otros retacean.

Y si escupen tu labor,
e incluso te mandan al infierno.

Ándate a…
donde quieras.

Pero vete…
cantando y bailando… ¡de alegría!

Que otros carguen sus tesoros…
tú ligera, ¡ve, vuela por la vida!

48. COLABORACIÓN

¿Qué haces buenamoza
implorando colaboración,
con tu mercancía?

¿Qué haces con tu wawa
dormitando inocente,
sobre tu espalda?

Tu rostro de maíz tostado
aún conserva el rubor,
de las alturas con rigor.

¿Dónde está el canalla
que logró tu gracia,
con mil mentiras y farsas?

¿A qué distancia está el nido
que, con mucha ilusión,
prematuramente abandonaste?

No haré una cuestión de estado
con tu situación, con tu desgracia,
ni con la magra moneda de mis palabras.

Porque el estado es para los encumbrados,
esos desgraciados que se arrastran tras del oro,
que han vendido su alma al demonio.

Pero no dejaré de jalar las orejas,
a esas Organizaciones no Gubernamentales,
para que no despilfarren en tu nombre.

A la iglesia, a esas municipalidades,
que se hacen de la vista gorda,
y te “botan” a un destino más incierto.

Tu presencia no es una ofensa…
es el clamor de los rezagados,
el pedido de auxilio de los excluidos.

Casi todos me dirán:
no le des nada…
se harán “un modo de vida”.

Pero si encuentras entre tus pertenencias,
una moneda de un centavo, ¡esa es la mía!
Échala al aire, todos los días.

Quizás, posiblemente… no pase nada,
o tal vez mientras gire la moneda en el aire,
acaso, aletee la ilusión de una mariposa.

49. LAS BAMBAS DE LA TARDE

Caídos los cabellos por el tiempo,
lo que queda ponerse en la cabeza,
solo son postizos, utilitarios…

Unas gorras de memoria,
unas gafas de ausencias,
y el gesto burlón de inocencia.

¿No fui yo el que escribió
arrebatos con pluma fuente,
con lapiceros y teclados?

O debió ser alguien ausente,
enterrado en mi conciencia,
sin haber llegado a nadie más.

Y de tanto pisar la realidad,
dejaron de dejar huellas,
y abrazaron a la nada.

A estas alturas ya se ha esfumado
las vorágines de los ideales primeros,
que han colisionado con el tiempo.

Mas el espanto de la muerte,
ha dejado de asustar...
tal cual la nada y la eternidad.

Aún mi voz no se ha apagado...
sigo con los desheredados, los invisibles,
con harta sed y hambre, de justicia.

¿Los han entendido en su Quechua?
marginados desde la conquista...
de una riqueza que siempre fue suya.

Esta es una proclama clara,
que no declinará...
ni con la sombra de la tarde.

50. MASAS COMPLACIENTES

Con caretas de victimización,
¡el mundo al revés!..
de victimarios pasaron, a víctimas.

Y la telenovela sensiblera,
hipnotizó al cardumen...
base de la cadena alimenticia.

Y el voraz tiburón aprovecha,
dejando harta sobra...
para los carroñeros.

Parece vano luchar
con este mecanismo elemental...
¡con la simpleza de razón!

Las masas complacientes...
sucumben siempre primero,
en la cadena alimenticia de conciencias.

Si no, explíquenme:
el de ojitos orientales...
¿cómo llegó a ser el más votado?

¡Por supuesto!
no es el tiburón...
tan solo el carroñero.

La telenovela no termina,
si permanecen al acecho el tiburón...
sus tiburoncitos y ¡los carroñeros!

51. ¡AHORA!

¿Cuándo se jodió el Perú?
Cada vez que hemos culpado a los demás,
y evadimos nuestras responsabilidades...
cerrando los ojos a la realidad.

Cada vez que olvidamos
los sacrificios de niños
en la época pre-inca,
o los alucinógenos de Chavín.

Cada vez que idealizamos
la formación del Tahuantinsuyo,
y admiramos la pólvora, espada y embuste,
de los depredadores ibéricos.

Cada vez que ignoramos la traición de Piérola y Prado,
y las oportunidades perdidas del salitre y el guano...
tanto como a todos los corruptos que siempre
saquean y han saqueado al estado.

No soy alarmista...
cuando desconocemos la toma de la Bastilla,
y pensamos que nuestra independencia,
fue graciosa y gratuita.

Cada vez que creemos
que todo se resolverá,
con la misericordia de Dios,
y como corderos crecemos.

Por eso y mucho más,
¡alertas!... ya es tiempo,
de materializar la indignación,
sin llegar a los surcos de sangre.

Porque es ahora,
cuando podemos
y debemos evitar...
que Perú, se joda.

52. BERNA KURU *

Mujeres, hombres, de mi pueblo...
ojos negros que absorben
la luz de un universo,
que a esta distancia...
ya no existe.

Luz vertida en manantiales
de cristalinas aguas,
que moldear pueden
la roca más dura,
el corazón más fiero.

Hermanos...
en su sonoro y dulce quechua,
cuántas veces he pasado

del llanto a la alegría...
y de la alegría al llanto.

Acariciando o desgarrando
las cuerdas de mi corazón...
tal cual lo hacen los vientos
de brisas o tempestades,
de nuestro Toraya orqo.*

Solo ustedes y yo sabemos...
aquello que nos aflige o alegra,
de un pasado que no cambia,
y un futuro que evolución exige ...
con coraje y heroísmo.

El padre sol,
la hermana luna,
la madre tierra...
y hasta el blanco Dios,
con intensidad ¡nos animan!

Nota (*): Quechua.

53. ¿ES EN SERIO?

Todo empezó
cuando imponíamos,
nuestros caprichos de niños...
o cuando tomamos algún dulce sin pagar.

Ahora, ¿quién nos podrá parar?:
- "Solo nuestra conciencia",

al decantar el bien del mal,
y detener con rubor las tentaciones,

que dominan nuestras acciones...
al afirmar que las normas y las leyes,
fueron hechas para los demás;
porque estamos por encima de ellas.
.
O como otras, aquellas,
actitudes malsanas
de tolerar las injusticias,
que no nos llegan a alcanzar.

Y nos ponemos a rezar:
"Que nuestra posición dominante,
dentro de un esquema de pirámide social,
no se vea amenazada...

y esas bases que no tienen derecho a nada,
no descubran el fuego
donde se llegue a forjar...
el hierro que nos ha de derribar".

Mientras que en algún lugar
intentamos justificar:
"El que esté libre de culpas,
que lance la primera piedra".

54. JAVIER, EL RIO

Como el átomo de agua
de una nube tentada por el llanto,

cayó en la nieve de los andes…

Y en alguna de las estaciones
el deshielo suavemente le deslizó,
hasta un breve río occidental.

Mas su destino era el oriente amazónico
de un serpenteante e inmenso río,
todo estaba preparado…

Y el calor del sol y la leve brisa
le arrastraron en una niebla,
a la vertiente oriental.

¡Oh! extraña suerte la suya,
abrió los ojos en un pequeño caudal
de vertiginoso avance a tientas.

Poco a poco se sumaba a sus semejantes,
en un cauce accidentado entre las rocas,
con mucho resplandor y sobre el aire.

Sin pausa entre barrancos
afianzó su carácter rebelde,
de naturaleza humana.

Pero, vano intento, inútil esfuerzo,
nada se puede contra la corriente…
su destino era el río Madre de Dios.

Tal vez en el camino,
algún romance exótico con la flora,
le pudo detener.

Mas su sino era trascender en la historia,
cual "río que viaja dentro de los hombres" ...
para saciar la sed de justicia, de la humanidad.

55. JUEGO DE PALABRAS

Esta tierra...
será "un valle de lágrimas",
si decidimos que "alguien"
haga nuestra labor.

Si cedemos al temor
de realizar un esfuerzo,
para romper la inercia...
en vez de realizar un acto liberador.

Traducido en el fragor,
de tomar las herramientas
con nuestras propias manos,
y realizar un efecto multiplicador.

Cual osado autor,
de algún bien o servicio
que sea útil a los demás,
o a un particular consumidor.

Obteniendo con honor,
el fruto de nuestro esfuerzo
traducido en "bienestar",
para el ego o nuestro entorno.

Evitando el bochorno,
de estirar la mano
en busca de caridad,
o caer en la tentación de algún delito.

El clásico “Sambenito”
de “ser pobres para ganarse el cielo”,
a estas alturas de inmisericorde competencia,
es para jalarse de los pelos.

56. LOS CAMINANTES

Como Artola dijo alguna vez,
que no hay suficientes balas,
para eliminarlos a todos,

yo trato de ayudarles
con una soga al cuello,
pero se resisten.

Con multas, prisión y balas
les enseño el buen camino,
pero se resisten.

Les muestro los cadáveres
de los que no hacen caso,
pero se resisten.

Les digo que están en camino
los jinetes del apocalipsis,
pero se resisten.

Les he cerrado las fronteras
y todos los caminos,
pero se resisten.

Insisto que la cuarentena
es la única solución,
pero se resisten.

Les seduzco con dádivas
y dulces en canastas,
pero se resisten.

Por todos los medios audiovisuales
les muestro lo que hace el demonio invisible,
pero se resisten.

Y marchan a pie por vías infinitas,
a riesgo de todas las calamidades…
¡el hambre puede más que el virus!, Coreando.

Ellos ya eligieron…
entre las balas perdidas del virus,
o la muerte lenta del hambre.

57. ¿QUO VADIS, DOMINE?

Por no ver, oír y hablar
de lo cotidiano,
sobre cosas obvias…
nos hemos puesto
a la distancia de un pulso,
un gatillo, o una empuñadura.

Y no existe armadura
que nos pueda poner a salvo,
de los delitos de los funcionarios
de la actividad pública o privada,
y nos quedamos congelados
o miramos el asunto de soslayo.

¡Que nos parta un rayo!
si esperamos...
que algo diferente pase,
sin hacer algo distinto...
soportando la piedra en el zapato,
o tropezando con la misma piedra.

Y la venenosa hiedra,
manifestada en la corrupción,
en todas las actividades del país,
que tantas náuseas y alergias
nos ha puesto a punto de coma,
sigue siendo muy bien abonada.

Cambiemos la actitud equivocada,
de desdeñar ese hilo de aire,
ese rayo de luz...
que nos puede salvar la vida
en cada elección democrática,
de quienes nos representan.

Todos los votos cuentan
para desenmascarar
a los oscuros traidores,
de la voluntad popular...
a los que se sirven de ella,

en vez de servir a sus electores.

58. REVOLUCIÓN

Es estéril
ahogar en llanto,
arder en ira,
si no se siembra
conciencia.

De la justicia
de común
denominador,
a la especie
Humana.

Igual oportunidad
en educación,
salud,
alimentación,
y morada.

Vamos
Camarada,
compañero,
hermano…
ciudadano.

Esas cosas
se consiguen,
por consenso,
y no de manera

atomizada.

¿Comprendido?
La sangre
derramada,
es el resultado
de algún embalse.

Que nadie
la reclame,
si no es capaz
de donar la suya,
de hacer la propia entrega.

59. SERIA CONFUSIÓN

Desde la burbuja de bienestar en la que me encuentro,
aferrado a las dos dimensiones
de la pantalla,

apelo a la tercera dimensión de la razón…
para extraer del rígido cubo, del cilindro y la esfera,
la modulada elasticidad de los sentimientos.

Para expresar que:
a nadie recomiendo la búsqueda
de su propia burbuja de bienestar.

Porque ella es frágil y falaz,
y cuando no es así…
se transforma en una celda o mazmorra.

En vez de eso…
apuesto a conseguir el bienestar general,
para no recurrir a burbuja alguna.

Deponiendo la inclinación
al individualismo…
a favor del bien común.

¿Fácil no?,
como hallar la tierra prometida…
¿pero quién pone el pecho a descubierto?

- ¡Ha! no…
  Primero aquello y lo otro o,
  estás en la confusión de tu burbuja.

¡A ver!, ¿quién pone la primera piedra firme,
en la construcción de una sociedad…
donde todos seamos iguales, en diversidad?

Donde las diferencias no endiosen a nadie,
donde no se erijan ídolos…
y menos si son, los de pies de barro.

60. SERIO

En serio…
¡no existo!,
eso me da licencia,
para mis demonios: liberar.

Para mis cadenas desatar,
romper los esquemas,
dejarme de parametrar,
y descartar las etiquetas.

¡Me faltaron las viñetas!
pero se puede soslayar,
para poder explicar
el meollo del problema.

Pero eso no se puede desde un poema…
Entonces, que esto sea cualquier cosa,
pero que explique la razón
de ser antisistema.

Pero empecemos por el tema
de aceptar que no podemos existir,
sin un sistema…
para poderlo cuestionar.

Y en ese punto lo podemos abandonar,
para dejar a la triada dialéctica
de los iluminados…
¡resolver!

Y volver a ver,
¿Qué puedo hacer con el problema
de ser parte del problema,
de sentirme antisistema-conservador?

Por estar de observador
en mi burbuja de bienestar,
en una fracción de tiempo infinitesimal,

en el que todo estalla o se comprime, para siempre.

61. ¡OH! GÉNERO

Redacta, imprime,
copia, escanea...
por favor no me mires mal.

"Con mis hijos no te metas",
gimen los estereotipos...
padres con ataques de pánico.

De la misma materia,
escúchenme por favor...
somos desde la creación.

Y los roles no nos diferencian,
más bien nos complementan
y unen en un solo fin.

Y aun impedidos o renunciados,
de tal fin, podemos seguir...
siendo "personas".

No me digan...
que algún género está mal,
porque no está al alcance de sus manos.

Lo que sí está a la mano,
es aceptarnos tal como somos,

y compartir la dicha de “existir”.

Hermano sol, hermana luna,
hermano lobo y/o caracol…
¿Escupimos al cielo?

62. AHORA

Aviva mis sentidos el recuerdo
de la temprana brisa perfumada,
de no sé qué estación, ¿ni año?
.
Solo sé del primer capullo en flor
desplegando sus alas,
antes que todas las demás.

Nunca supe de sus raíces,
de su tallo, de sus ramas,
o de las hojas que la adornaban.

Tan solo de su perfume,
de su imagen de inocencia,
y de su ímpetu de vida.

Fuimos los primeros
en dar vida a la vida…
los primeros en concluirla.

Ahora está cantado que…

nuestras raíces, tallos, ramas y hojas,
abonarán la tierra.

Y a pesar de que todo está dicho,
sabemos que el tiempo mejor,
es ahora... ¡en este instante!

Cuando podemos recordar,
actuar, padecer o disfrutar...
y tener esperanzas.

63. CILINDRAJES DE RUBOR

Si para evitar la palabra libido
estamos en un cambio neutro...
no digas que no aprecio
el latir de tu motor,
ni digas que nunca te he querido.

Ya que, con el cambio adecuado,
sentiremos la trasmisión
de destellos de energía,
de aceitado cigüeñal...
muy correspondido.

Mas, la fuerza exacerbada,
sería un retroceso,
un desliz desencadenado...
cual moneda de espanto,

con el que se paga un favor.

Los sentimientos genuinos,
no calculan engranajes,
ni dimensionan lo intangible,
nada hay que negociar…
pues no es asunto de precio.

Claro que, en materia de mecánica,
no hay ajuste de tuerca nuevos,
ni manuales que valgan…
cada cual sabe al dedillo,
como conducir su vehículo.

Pero, no hay que alarmarse,
lo cierto es que…
al igual que las carretas,
nuestros modernos auto motores,
al final, quedarán en desuso.

64. EL ALECCIONADO

Encadenado prisionero,
reincidente porfiado,
signado, estigmatizado:
con la imagen del mal.

Gritas: nunca más…
caer sin compasión,

rogar sin respuesta,
ni amar sin ser amado.

Y aferrado a la realidad
del laberinto de tu mente,
juras estar iluminado,
y defiendes tu verdad.

Pero las náuseas,
los oídos sordos,
las muecas de desdén,
te sujetan a una camisa de fuerza.

Y el frívolo mundo,
cree curar con flagelos,
con saña y venganza...
el desorden de tus ideas.

Y la matriz de las rejas,
no crea ni destruye nada de tu mente,
solo hunde tu drama...
en lo más hondo de tu alma.

Desde donde un día, libre,
la lección aprendida será:
acechar en las sombras...
¡Pronto a estallar!

65. EVANGELINA

Como toda mortal...
sin opción de escoger su cuna,
rechazó la mortaja cruel del huayco.

Y dio tenaz resistencia
al designio de lapidarla,
con piedras, lodo e indiferencia.

Evangelina... renació del lodo,
para cumplir el mandato divino,
de proteger su estirpe.

Y la humanidad dolida,
le tendió la mano, la salvó...
de la injusta cruz, de la palizada.

Ahora que triunfaste sobre la muerte,
Retorna a tus afanes, anónima...
¡y no vuelvas la mirada hacia atrás!

Que se conviertan en sal...
esos funcionarios ineptos y/o corruptos,
que no cumplieron su función de prevenir.

66. GRACIAS

Desde el sudor de su frente,
hasta el interior de su mente...
envuelta en mágica fragancia,
cual todas las flores del mundo.

Desde la que hiere mi piel
con sus espinas...
hasta la que inerme
se entrega a mi destino.

Desde la idílica sensación
que en sus brazos me acunaba...
hasta la que cierra mis ojos,
con gotas de rocío.

Desde la pariente cercana,
madre, compañera, hija...
hasta la desconocida
al otro lado del mundo.

Mujer, mujer, mujer,
gracias por formar mi vida...
gracias infinitas por dar sentido
¡a todas las vidas!

Sin lirismos ¡gracias!,
desde los sueños...
por los que vehemente, luchas,
hasta los actos de todos tus días.

67. OJOS QUE NO VEN

Esos maestros que se alimentan
del polvo de las injusticias,
que los grupos de poder
les imponen por la fuerza...

A gritos, golpes y lágrimas
en el crisol de la lucha,
obtendrán la materia prima
como formadores de conciencias...

Que desenmascararán
al capitalismo ciego,
manejado por los hilos
de los intereses rentistas.

Esos, que los ha postrado en la base
de esa pirámide de la sociedad,
junto a estudiantes, obreros...
y campesinos, menesterosos.

Que el día menos pensado,
juntarán sus fuerzas...
para destruir la ignominiosa,
estructura de esta sociedad.

68. PREVIAS DISCULPAS

"Crimen y castigo" y
"el perdón de los pecados";
bellas frases que...
seducen los sentidos.

¿Y el sentido de justicia?:
Relegado injustamente,
a ese limbo inalcanzable...
de un espacio ideal.

"Justicia" viene de "justo",
y justo es:
aquello que no sobra...
ni falta nada.

Y ante una falta o delito,
lo justo es resarcir
por el daño causado...
equilibrar la balanza.

Suprimir la vida...
llenar las mazmorras,
¿compensan algo?
¿equilibran la balanza?

El sentido común dice:
que alimentan la venganza,
potencian la injusticia,
y relegan la solución.

No formulo el facilismo
de soluciones mágicas...
con errores y aciertos,
debemos ejercitar la razón.

Esa razón que centre el juicio,
hacia los ideales de coexistencia...
que evite el desborde, el desquicio,
de alterar las normas de convivencia.

69. ¡QUÉ MIEDO!

Dando gracias a la vida,
levantamos copas de bebida,
en una mesa concurrida,
con viva voz, aguerrida...

Estallan gestos de alegría,
se desata la algarabía...
algunos tomados de las manos,
vociferan: ¡todos somos hermanos!

Hasta que lanza de Quijote,
algún brazo reta...
a los demás brazos,
fieras aspas de molino.

Se desata el vendaval…
¡abran los ojos a la realidad!
no es época medieval…
¡pongan por medio sobriedad!

En este pequeño escenario,
toda exageración es válida…
felizmente hay comisario,
y nadie perderá la vida.

¿Pero, el fin de fiestas?…
¿se recordará a tientas?,
¿qué pasó con el entorno?,
¿y el camino de retorno?

Peor aún, esa pesadilla…
donde ríase el demonio,
con idolatras, un ojo que brilla,
y mi alma como patrimonio.

70. ¡OH SOL!

Es la sencilla transparencia
de tus nobles sentimientos…
la que nos permite apreciar
el fuego de tu corazón.

Esa incandescencia
que lo otorga todo…

crisol donde se refina,
lo más puro del alma.

Esa flama de amor
extendida como seda...
cubriéndonos con el calor
vital para nuestra existencia.

Y es tu omnipotente presencia,
la que marca el ciclo del tiempo,
la que florece los sentimientos,
la que nutre nuestras vidas.

¡Oh padre!... nuestro sol,
que permaneces en el cielo
a veces imperceptible,
ignorado por nosotros.

Tienes la grandeza,
de no pedirnos nada,
"y ser de la misma materia...
que el de la madre que nos cobija".

Pero con el designio...
con el rol gravitacional de estar:
ni tan cerca... ni tan lejos...
de nuestro espacio personal.

(En este tiempo de ilusiones,
ignoremos a los que se eclipsaron,
a los que dejaron escombros a su paso...

a los que cedieron al lado oscuro de la historia).

71. SI CAE…

¡Levanto la voz a cielo y tierra!
no puedo contener la rabia,
¡esto no debe pasar!

No es lo mismo…
el último suspiro de la tarde,
al último aliento de vida.

Ni la flor en su tallo,
a los pétalos de esta…
estrujados en una mano.

No le corresponde…
al sello de un juramento,
con su papel en la hoguera.

Ni al fragor de una batalla,
con la insania…
de una daga por la espalda.

Pues si cae...
una madre, una hija,
o alguna hermana en el mundo…

Por alguien…
que no ha evolucionado como ser humano,

o que ha tomado con desdén lo enseñado…

Todos a una…
a concretar nuestro repudio:
¡Ni una menos!... ¡Ajo!

Desde el primer granizo,
que desencadena en avalancha,
cero tolerancias a la agresión.

Nada de flores en una tumba…
deseamos llanto… ¡Sí!
Pero, de alegría.

72. TEMPORADA

Y recordar esa temporada,
en la que, hecha una diva te miraba,
y mis manos se estiraban…
por los mendrugos de tu mirada.

Tiempos en los que contaba,
esos minutos apretados,
de textos y separatas,
hasta volverte a ver.

Mientras el mecanismo del tiempo,
giraba al revés los engranajes,
triturando y aplastando…
mis pasos en torno a ti.

Hasta que elevé una plegaria,
para que seas feliz...
y abracé mi realidad,
muy lejos de ti.

Adiós a los días dorados,
de propinas y ensueños...
bienvenida las jornadas,
de siembras y de cosechas.

Y mira la suerte mía,
de llegar a ¡volverte a ver!
Mi frente ya estirada,
y más larga tu nariz.

Pero yo paso de “frente”.
No es que sea sobrado,
solo que el tiempo de divas,
y el de mendigos... ¡ya pasó!

73. ¡YA PERDISTE!

De poco vale que los notables,
se reúnan en torno a los juzgados,
si no cuestionan la gravedad,
lo perturbador, del delito.

Ese que copa las cárceles,
alimentado por la tolerancia,
por la laxitud, la pasividad,

de los hogares donde enraíza.

Ese que se viste de víctima,
se envuelve de compasión,
para evitar que se devele
su verdadero rostro.

Ese que nos ha capturado,
silenciado, adoctrinado,
hasta hacernos creer…
que el “crimen” es lo normal.

Ese que se engalana de estadísticas,
que se regocija en indiferencias,
hasta transformase,
en “lo común”.

De poco vale que se reúnan los notables,
con retoricas y estoicismo…
si con cinismo y crueldad,
nos apuntan… ¡ya perdiste!

74. YO DICTADOR

El proceso de conservación de la especie,
obviando la reproducción asexual,
por división celular o mitosis,

pasa por la fertilización,
el desarrollo del cigote…

la semilla en las plantas.

En los animales sucede lo mismo,
se produce la meiosis,
y cuidados iniciales.

Pero en el género humano,
le corresponde el cuidado de la prole,
a padre y madre por el resto de sus vidas.

Eso es lo que lo hace especial,
y triunfan juntos en ese objetivo,
con ciertos artificios.

Pues la responsabilidad de los padres,
no es lo usual, ni lo corriente,
si no, un acto de heroísmo.

Pues tienen que vencer
el fantasma del séptimo año,
el ímpetu y desvarío de los cuarenta.

También el síndrome de cazador o recolectora
a salto de liebre, en cualquier momento,
o cualquier otro pretexto, etc.

Este no es un enunciado teológico, ni científico,
la razón dicta: ¡nada de libre albedrio!
¿Alguien no ha comprendido?

Bueno… sorry, disculpen,
Se me pasó la mano,
Creo que he trasnochado.

75. CAMPOS DE AREQUIPA

Memoria tiene el agua silenciosa,
por los surcos del sembradío…
peinándole, indolente e impío,
bajo una batuta cadenciosa

del agricultor con la imagen de su moza,
que va guiando el agua de buena facha,
y éste reflejando el cielo goza…
de una nube con forma de muchacha.

La chica los surcos desbroza,
llevando una semilla temblorosa,
desde el pecado aquél de Eva.

Mas ahora, no quieren que llueva…
pues derruirá los surcos y la memoria,
del agua fresca, limpia y generosa.

76. CARITA DE ILUSIÓN

Millones de personas
se pusieron de acuerdo,
en preservar la navidad...

Y todos en la intimidad,
miramos por doquier...
iluminados corazones.

Un alto en las naciones,
para volver los ojos...
al humilde pesebre.

Donde el pastorcillo pobre
ha venido sin regalo y...
viendo a los Reyes magos.

Sentimientos aciagos
se le incrustan en el corazón,
del desamparado pastorcillo.

Mas el intenso brillo
en la mirada del recién nacido,
disiparon todas sus penas.

Desde esa vez en las noches buenas,
es feliz con el recuerdo de la mejor sonrisa,
que de él haya recibido.

77. CARROUSEL

La condición de vulnerabilidad de la víctima,
y la probabilidad de impunidad del victimario,
son dos elementos ineludibles del delito.

Pero, debemos marcar un hito...
la mayoría estamos de parte de la ley,
y una minoría nos pone en zozobra intima.

Cualquiera de nosotros puede ser la victima...
la imagen de alerta y la actitud de respuesta,
pueden disuadir al delincuente cruel.

Y la estadística que maneja el lobo fiel (1*) ...
dice que el depredador no extinguirá a su presa,
porque se extinguiría también él.

Entonces, en el balance aquel,
en esta ruleta cruel de la vida...
siempre pierde uno y gana otro.

Por eso a todos enrostro:
si no hacemos algo al respecto...
no lloremos por la muerte del cordero.

Y sé bien que lo que yo espero...
es una espera tan ideal como insulsa:
que cambie de dieta el lobo artero.

Nota: (1*), a sus instintos

78. CULPABLE

Desde que aprendí el credo…
condenado soy, a ser culpable,
pues siento que al pecado cedo,
y que mi pensamiento no es fiable.

Me digo: boca cerrada, que no hable,
o mi morada final será el averno…
hay que imitar al corderito tierno,
que pace y bala como es dable.

Que no se vale vivir alterno,
entre el cielo y el infierno…
que busque al redentor.

Que no me preocupe del matadero,
que no sea curioso, majadero…
¡Que me entregue al pastor!

79. DE FRENTE

Todo amor con el amor,
con quien no sabe lo que hace:
paciencia, benevolencia…
pero, feroz con el feroz.

No voy a callar mi voz,
y cada cual puede trazar
los lineamientos de su vida,
hasta los límites de la ley.

Forjar su propia grey,
apartar a sus enemigos,
admitir a sus aliados....
y mirar de frente a cualquiera.

Mas yo, no soy de cera,
y en tiempos de paz...
pongo la capa al suelo,
para el desvalido de paso.

Pero en vigilia descanso,
protegiendo a mi rebaño
con ideas, uñas y dientes...
¡que nadie espere algo diferente!

Y no es necesario que alguien cuente,
que somos parte de un todo,
lo somos, en cuanto...
los demás sientan lo mismo.

80. DEMENTES

Se puede escribir el verso más triste,
mientras te arrancan el corazón en vida...

y se puede contener el llanto de esa herida,
pensando que ningún mal hiciste.

O se puede estallar en grito desesperado,
cuando al que se le quita es al ser amado...
sin considerar la oferta de tu vida,
a cambio de esa vida tan querida.

Pero, ¿qué bestia tan cruel y feroz,
podría realizar ese acto tan atroz?...
¡Oh mundo! piensa, escucha tu voz,
pues en esta escena no hay más que dos.

Y en este tiempo tan raro,
podría evadir la respuesta... más declaro:
que eso es lo que los loqueros predijeron,
para muchos de los que se amaron y se odiaron...

¡Demasiado!
demasiado...
demáaas...
Por eso:

Ama con intensidad,
odia mucho...
pero nunca,
más de lo necesario.

81. DESAPEGO

No, no sé hacer dinero,
y si hay algo de oro,
o algo de plata…
si fuera necesario:

Solo en el cielo,
cuando sale el sol,
la luna se levanta…
o me miran las estrellas.

Sé que nadie me negará
del agua de su fuente,
yo bendeciré su frente,
¡que Dios se lo pague!

Luego, cantaré a la vida,
se cerrará una puerta…
y una ventana,
me mostrará un diente.

No, no sé hacer dinero.
¿Para qué lo quiero?,
el creador me dota cada día,
de pan y del aire que respiro.

Y la libertad de la que gozo,
me cuesta casi nada…
avisos que causan gracia:
"Se mira, pero no se toca".

Y no saben los condenados,
que ya les saqué la vuelta,
pues con la mirada…
ya los he tocado.

Algunos se han equivocado,
y me han dicho: conformista,
mas yo sé que lo esencial…
no está en forma de dinero.

82. DONAR

Esos trazos en la pantalla:
que saben a nada,
que huelen a nada,
que suenan a nada,
que a nadie se le ocurre tocar…

A veces es el único medio
de llegar a lo profundo del alma,
para persuadir las más nobles acciones,
las más desinteresadas expresiones,
a favor de nuestros semejantes…

De los que han caído en la desgracia:
- de quedar desvalidos,
- de andar perdidos,
- de ser perseguidos,
- de ser incomprendidos, etc…

Incluso de aquellos que sienten
que claman en el desierto,
por causas ajenas a su voluntad,

- por obra del destino,
- o por mandato ¿divino?

Seamos solidarios,
pues no hay nadie tan pobre
que no tenga algo que dar,
ni tan rico que no pueda...
desprenderse de algún cabello de oro.

83. DURADERO

Hay construcciones (*) que han resistido,
a los bombardeos de Londres y Berlín...
y otras cuyo esqueleto ha quedado
en *Hiroshima y Nagasaki,*
Como pruebas del horror...

Más, siempre hay algún trasgresor
que, a cielo despejado,
a las construcciones...
hace caer como castillo de naipes,
sin ningún factor exterior.

Algún torpe demoledor
que sin querer falla...

sin tomar en cuenta,
que muchas, una vez caídas,
son más difíciles de remover.

La historia se repite por doquier,
no hay poder sobrehumano
que pueda evitar esos desastres.
Más, cuán fácil hubiera sido evitarlas,
identificando al ente perturbador.

Debemos defender con ardor,
todo lo bien hecho por el hombre,
con miles de años de experiencia,
escudriñando en lo profundo
de la conciencia, señor.

Tiene que saber el constructor,
que debe construir a la defensiva,
observando el orden natural
basado en la armonía y el amor,
de aquello que quiere construir… duradero.

Nota (*): La construcción DURADERA, está referida preferentemente a las RELACIONES FAMILIARES, aunque incluye a las amicales y asociativas de fines loables.

84. EL BRINDIS

Parece que fue ayer…
los días felices de la infancia,
la gloriosa valla de la juventud,
la exuberancia de la adultez.

¿Y qué pasa con la vejez?,
¿es el ocaso, la penumbra?,
¡nada de eso!
¡Es el deleite, el oasis!

Es aferrarse al éxtasis
de llegar a la meta,
de cumplir los objetivos,
hasta el último aliento.

¡De veras no les miento!
A la espalda los achaques,
cada día es una victoria,
cada momento un reto.

Es hacerse amigo neto
de aquella enemiga,
que nos seguía como sombra,
con su sonrisa permanente.

¡Se acabó el temor remanente!
podemos burlarnos de su facha,
probando una danza sideral,
para desvanecer con gracia.

Antes, el brindis que sacia,
que nos aleja del dolor,
y el apego a lo material…
para develar el misterio final.

85. ENIGMA

En este mundo competitivo,
las limitaciones físicas,
se pueden superar…
y ¿qué hacer con las mentales?

Esas funciones elementales
Afectadas por algún síndrome,
por algún gen no deseado…
o a raíz de algún ¿accidente?

Allí donde no hay espacio ni tiempo consciente,
donde todo o parcialmente, se trastorna…
el visible a simple vista o el que se oculta,
incluso el más grave en algún extremo.

¿Prendo la hoguera y lo quemo?
¿Lo trato como a vegetal?
¿Uso la picana o la cadena?
¿le doy el mendrugo de un subsidio?

O cometo ¿un fratricidio?
¡No! señor, me compadezco,
me comprometo y padezco,
le alivio de su cruz y calvario.

Imposible convertirlo en mi adversario,
ponerme a su altura…
mejor entender que no se hace,
si no que, hace lo que está a su alcance.

No hay elemento que se lance
y desenrede las actividades cerebrales…
solo queda guardar la esperanza,
de que posea una memoria elástica.

Esa herramienta fantástica,
que la neurociencia estudia,
descartando los métodos tradicionales,
para mitigar esos inevitables males.

86. ENSAYO Y ERROR, MIO

Es bueno
poner la valla más alta,
pero es mejor saber…
cuál es el límite.

Agua y aceite que no se agite,
pues si resulta la emulsión:

fluida o solida...
¿qué se quiere conseguir?

Saber bruñir,
eso es importante…
pero se puede hacer eso,
¿con todo?

Ni modo,
hay metas posibles,
mas, los objetivos…
pueden resultar imposibles.

Pues resultan risibles,
una cebra con melena de león,
tanto como…
un león con rayas de cebra.

No es una sencilla quiebra,
de la obra del creador,
tampoco me refiero…
a la conciencia humana.

Ser auténtico afana,
hacer lo que se siente,
dejar fluir todo lo interior,
sin artificios ni pana (*).

Mas, no es lo que nos da la gana,
todo es posible en nuestro interior,
pero frente a los demás…

hay que poner los pies sobre la tierra.

Nota: (*) jerga peruana: presumir

87. ESPERA DE TI

Ser de lágrimas hecho...
qué terrible infortunio
a diestra y siniestra.

Es el botón de muestra,
del hierro que atraviesa
cual fulminante rayo.

Puede ser en mayo,
el desgarro del alma mía...
o en cualquier época del año.

Ese inmisericorde daño,
cual herida en el corazón,
como dedo en dolorosa llaga.

Cuando el mensaje llega,
con estruendoso silencio,
en retorcido esquema.

Como fuego que quema,
cuando todo muestra...
que ni te acuerdas de mí.

Yo que tanto te di,
para ser borrado...
de tu esquema de vida.

Tú puedes estar de ida,
pero yo, ya estoy de vuelta...
y no hay disculpas que valgan.

88. ALICIA, FLOR DE VIDA

La flor que vaporosa permanece,
en sueños de su jardinero,
es la que generosa
sus propias lágrimas,
ofreció por rocío.

Escarcha de alegrías,
raíz, tallo y capullos,
de nobles sentimientos...
en el arrullo de su voz,
a las manos que la cultivan.

Manos de un pueblo
que admiró su florecer,
en complaciente mirada
de la bella inspiración...
que la iluminaba.

Hoy nos deja… el néctar
el perfume y los colores,
de ese “inocente amor”,
con el que nos embelesó:
¡Alicia de nuestros sueños!

89. FOSIL

A partir del uso de la memoria,
no hay un límpido pasado,
no hay páginas en blanco,
el sismógrafo de la vida
guarda todo lo actuado.

Hoy dos corrientes distantes
en la inmensidad del mar,
cada uno con su propia historia
de epopeyas singulares…
van llegando a playas en calma.

Y desoyendo el rumor de las olas
que cuentan desventuras y glorias
de todos sus pasados…
sin saber si seguir la corriente,
se han puesto a meditar:

Corazones de ámbar tu y yo…
¿en qué parte del tuyo,
fosilizado estoy?...

adivina, ¿en qué parte del mío,
dándome vida, permaneces?

90. INVIERNO

¡Qué!...
¿a quién le asusta,
mi cabello blanco?

ellos son el calco,
de convicciones
de mi edad.

Equidad
que dan los años,
entre el bien y el mal.

Tal cual la señal
de esa luz blanca,
que incluye todos los colores.

Son los males menores,
en lugar de teñirse
la conciencia.

Años de paciencia,
hasta conseguir
el producto final.

Que nadie tema ningún mal,
quien a buen árbol
se arrima…

Hasta el alma se le anima,
pues buena leña…
como mínimo ¡obtendrá!

91. JOKER

Qué del paraíso…
¿si el averno piso?
Qué de la vida eterna
¿si con la muerte alterna?

Y esa pulsación que enferma
con la razón pura que blasfema,
con gracia permanente…
en la soberbia de la mente.

¿Que la culpa es de la serpiente?,
¿Esa que develó la ciencia,
quitándonos la venda de los ojos
y arrojándonos del Edén?

¡Exijo! que me den
de vuelta la inocencia,
que empaquen algo de felicidad…
¿Qué, cuál es la moneda de pago?

¿Tiene que ver con todo lo que hago,
con este cuerpo mortal,
y toneladas de moral,
que me afligen como ser humano?

Y nadie quiere dar la mano…
nada de placer mundano,
encapsulado en este orbe,
de un punto en el universo.

De un círculo perverso,
que arroja a todos a la vida,
y tan pronto a la muerte…
de modo impenitente.

Entonces, en este negro presente,
el clamor se hace impostergable:
¡Que algo me despierteee!...
si es posible despertar.

92. MUJER

El exceso de amor que mata...
no es amor.

El exceso de protección que asfixia…
no es protección.

El exceso de valoración que inutiliza...
no es valoración.

Y el único exceso admisible...
debe ser el cambio.

El paternalismo siamés del machismo...
tiene que estar notificado:

Si una mujer cae por su culpa...
la guerra está declarada.

Y otra mujer debe tomar su bandera...
"con honor".

No se trata de pelear...
y perder en el camino.

Se trata de establecer en la mujer...
la condición de "persona".

Socialmente iguales, humanamente diferentes,
y totalmente libres. (*)

Y si persiste alguna pluralidad,
solo debe ser por la naturaleza inevitable:

De ser complementarios...
de mujer y hombre, u hombre y mujer.

Nota: (*) Rosa Luxemburg

93. NÁUSEAS

¿Cómo volverá a ser uno?
si él, ¿desdoblado está?,
a un corazón lanzado,
y a otro desatado.

Él por cualquier lado,
argumentando el bien
de sus propios críos...
la madre, junto a los niños.

¿Qué sabrán los pequeños?,
¡qué falta de integridad!,
él muy libre y soltero:
¡la casada es su mujer!

¡Cuánta risa por doquier!
es lindo, tiene ángel,
dicen, corean tant@s...
y el mundo como comparsa.

No quieren ver la farsa,
ni a las madres solas
remando por sus hijos,
cuando la tarea es de dos.

Para él, juegos de dominós,
intentando normalizar...
la violencia con los suyos,
y la leche derramada.

Con su conducta calcada,
¡de tantos, otros demonios!,
ciego, sordo y mudo, depredador,
adicto a la tentación de la carne.

94. NUBES NEGRAS

Relámpagos a la distancia envían su mensaje cifrado,
al labrador de tierra ajena, al dueño y al consumidor...
a todos dará el don de sus lágrimas con su inmenso poder.

Y las avecillas en sus nidos ateridas verán que ha de llover,
yo, tras del cristal de mi burbuja no sé qué hacer,
son tan inútiles mis actos frente al diluvio que se avecina...

Pues nada es predecible en esta cumbre Andina,
y solo me queda esperar que sea lo justo...
para las plantas y los campos sedientos.

Que tengan tierno corazón los vientos,
con todas las criaturas de la creación,
llevando a otra parte al trueno... con su seducción.

Nubes negras, aprendan la gran lección:
de acudir y retirarse oportunamente,

de las extensas tierras… que el sol resecó.

95. REDOBLES POR LA VIDA

Al sentir los dientes rechinar,
con un nudo en la garganta,
y una laguna en los ojos,
a punto de desbordar…

Es el preciso momento de aceptar,
que el cultivo no da para más,
y por más doloroso que sea,
el desapego abrazar.

El pasado meditar,
vislumbrar el futuro,
y respirar profundo,
para volver a empezar.

No hay tal cosa del azar…
empezar de cero es lo correcto,
con las semillas en las manos,
los surcos nuevos alimentar.

Con cara al sol ¡a sembrar!,
en estos campos longevos…
con la fuerza de los brazos,
y alguna herramienta buena.

No caben en esta escena…
la contradicción ni el absurdo,
el sudor de hoy se convertirá mañana,
¡en pan! de generosa vida.

96. SIEMPRE, SIEMPRE

Para un hombre verdadero
los hijos son para siempre,
de manera irrenunciable…
desde antes de la cuna
hasta el fin de sus días.

Con un amor superior,
casi imperceptible,
que nunca reclama
la veneración natural…
de los hijos a la madre.

Y allí permanece
diligente, vigilante,
perseverante, estoico,
como luz incandescente,
iluminando su preciado hogar,

Pero con capacidad de percibir
la sutileza arrulladora,
de unos ojos risueños,
pronunciando "papá"
que le llegan hasta el alma.

Aunque aprecia las flores,
dice que “no va con su carácter”,
pero en el fondo de su ser espera,
las gotas del dulce néctar,
de las flores de su jardín.

Y al decir gotas de néctar,
no me refiero a nada tangible,
si no a esas fuerzas inmateriales
que mantiene armoniosamente unido,
a todas las cosas del universo.

97. TIEMPO DE CAMBIOS

A cada instante todo cambia,
y sin embargo…
cuán difícil es admitirlo.

Cosas que vienen,
y que van…
para bien y para mal.

Somos posesivos con el bien.
Y el mal para nosotros…
para otros, tal vez sea un bien.

Minerales que se deshacen,
rocíos que al vacío van…
estalactitas formarán.

Y los sentimientos,
en esos bellos artificios…
se perennizarán.

Mas esas lámparas colgantes,
esos candelabros naturales,
a pesar nuestro, se desaceran.

¡O! tiempo de ambigüedades,
bellas cosas toman forma,
y otras tantas se destrozan.

98. VIDA 1

Tienen los ojos abiertos
el bien y la vida...
y una mirada hueca
el mal y la muerte.

Danza la vida,
danza la muerte…
a distancia prudente,
de certezas y de suerte.

¿Quién tiene la ventaja?
Obvio… por ahora,
mas al final de los finales,
¿quién la tiene perdida?

Mientras tanto…
la danza continua:
la vida y el bien…
en armonía y luces.

La muerte y el mal
a la expectativa…
cual bastón a tientas,
lista la guadaña.

No hay prosperidad ni infortunio
que la danza detenga o distraiga,
libres de alabanzas o de ruegos
revolotean por todas partes.

Do quiera que sea,
danzan cual gato y ratón:
en el camino, en la cama,
en el baño, o el portón.

Trascender en la memoria
o en el olvido…
a cada uno corresponde,
antes que la materia se transforme.

Mientras tanto dancemos
esa misma melodía…
arriesgada y hermosa de la vida,
que cada día es diferente.

Pues a esa dama cuyo nombre
no puedo decir sin escalofrío,
se le acabará la riza
y triunfará su beso.

Ahora, si viene por mi…
espero que termine el juego,
y no me silencie por partes,
nada de agonías… ¡todo en un instante!

99. VOLUNTARIO LAZARILLO

Abuelo viejo
¿a dónde vas?,
con tu juicio perdido,
con tu remendada ropa…
guardando tu traje nuevo
para tu funeral.

Ya no hay brocal
ni pozos para tu sed…
todo está embotellado,
tal cual la insaciable ciudad
toma lo poco que queda,
de la fresca campiña.

La mañana te guiña
un haz de luz entre las nubes,

y con su devaneo compasivo
te anima a apurar el paso,
entre el campo y la ciudad...
y ni siquiera sabes dónde vas.

Todo ha quedado atrás,
y tratas de volver a empezar...
mas, las imágenes desenfocadas,
los sonidos diluidos,
y los demás sentidos,
no te avisan de que estás perdido.

Pero no hay cuidado amigo,
pues estás a salvo con ese perro
que ni siquiera es tuyo,
pero que te sigue...
desde que compartiste con él
algún magro bocado.

Tal vez en él esté encarnado
el ángel de la guarda,
en el que confiabas en tu niñez,
y con toda seguridad ha memorizado
el camino de retorno...
al amparo de tu hogar y de su calidez.

100. “X” SOBRENATURAL

Caminante de altas cumbres,
pendiente de peñones y riscos,
devorador de vértigos…

Caminante de fosas marinas,
domador de ríos caudalosos,
frutos del rocío…

Caminante entre las estrellas,
que forjas tu hogar en el espacio,
libre de las ataduras de la tierra…

Dame un poco de respiro,
no me dejes en el camino,
pendiente de mi capullo.

Pues en el cascarón de la tierra,
vamos camino al suicidio,
a la inexorable extinción.

Tú que exploras lo desconocido,
en ese largo recorrido,
envíanos tus conocimientos.

Comparte tus avanzadas ideas,
para enseñar a propios y extraños,
a conservar la calidez de la tierra.

INDICE

1. LIBERTAD 187
2. ALEGRÍA 188
3. AUSENCIAS 188
4. DOMINGO 7 189
5. DULCE 191
6. ESCENARIO 192
7. FARDOS DE ALGODÓN 193
8. FELICIDAD 194
9. LA MAGIA DEL VAIVÉN 195
10. OSITO PANDA 196
11. POR LAS SEMILLAS 197
12. TIEMPOS DE VALOR 198
13. MARIA DOLORES 199
14. MONEDA DE COBRE 200
15. "N" 202
16. QUE PASE EL REY 203
17. QUIMERA 204
18. SIEMPRE 205
19. SIN ATADURAS 206
20. SOLO TÚ 207
21. TIEMPOS DE ESTOICISMO 208
22. TU OBRA 209
23. VEN A MIS BRAZOS 210
24. YO ¡FELIZ! 212
25. A UN LADO DEL CRISTAL 213
26. ALGO 213
27. ANÉLIDA PERORATA 214
28. CADENAS 215
29. CAMBUCHES EN EL AIRE 216
30. CAMINOS DE VIDA 217

31. RECUERDOS 218
32. CLAOSCURO EMOCIONAL 220
33. EL IMPERIO DE LA FUERZA 221
34. EL PUENTE 222
35. INEXPLICABLE 223
36. LA SUMA DE LAS HOJAS 224
37. ¡OH! PESADILLA 225
38. LA PUERTA DE LA CASA 226
39. MULTIDIMENSIONAL 227
40. ¿NORMAL? 228
41. OCIO INFALIBLE 230
42. ¡OH! VIDA 231
43. OSADÍA DE POLVO 232
44. INKA 233
45. UNIDAD 235
46. MACHU PICHU 236
47. CANTO DE VIDA 238
48. COLABORACIÓN 239
49. LAS BAMBAS DE LA TARDE 240
50. MASAS COMPLACIENTES 242
51. AHORA 243
52. BERNA KURU 244
53. ¿ES EN SERIO? 245
54. JAVIER EL RIO 246
55. JUEGO DE PALABRAS 248
56. LOS CAMINANTES 249
57. ¿QUO VADIS, DOMINE? 250
58. REVOLUCIÓN 252
59. SERIA CONFUSIÓN 253
60. SERIO 254
61. ¡OH! GENERO 256
62. AHORA 257
63. CILINDRAJES DE RUBOR 258

64. EL ALECCIONADO 259
65. EVANGELINA 261
66. GRACIAS 262
67. OJOS QUE NO VEN 263
68. PREVIAS DISCULPAS 264
69. ¡QUÉ MIEDO! 265
70. ¡OH! SOL 266
71. SI CAE 268
72. TEMPORADA 269
73. ¡YA PERDISTE! 270
74. YO DICTADOR 271
75. CAMPOS DE AREQUIPA 273
76. CARITA DE ILUSIÓN 274
77. CARROUSEL 275
78. CULPABLE 276
79. DE FRENTE 276
80. DEMENTES 277
81. DESAPEGO 279
82. DONAR 280
83. DURADERO 281
84. EL BRINDIS 283
85. ENIGMA 284
86. ENSAYO Y ERROR MIO 285
87. ESPERA DE TI 287
88. ALICIA, FLOR DE VIDA 288
89. FÓSIL 289
90. INVIERNO 290
91. JOKER 291
92. MUJER 292
93. NÁUSEAS 294
94. NUBES NEGRAS 295
95. REDOBLES POR LA VIDA 296
96. SIEMPRE, SIEMPRE 297

97. TIEMPOS DE CAMBIO 298
98. VIDA 1 299
99. VOLUNTARIO LAZARILLO 301
100. "X" SOBRENATURAL 303